煤炭高等教育“十四五”规划教材
山东科技大学青年教师教学拔尖人才培养计划项目(BJ20211119)资助

地球物理勘探

张　丽　主编

中国矿业大学出版社
· 徐州 ·

内 容 提 要

本教材首先介绍了地球物理勘探的基本概念和应用领域，其次详细介绍了每种地球物理勘探方法的原理、特征及应用。每种地球物理勘探方法的内容自成一章，全面系统地阐述了原理和应用。原理部分免去了烦琐的公式推导，力求简明扼要，易于理解。每种方法的框架内容注重与实际应用结合，从基本概念阐述、原理解析、野外工作过程讲述、正反演模型分析到各类方法的应用，环环相扣、紧密相连，让学生由浅入深、由易到难地进行吸收和掌握。另外，书中涵盖了目前工程上应用较广的一些方法，如电法勘探中的瞬变电磁法和探地雷达法等。

本书适合高等院校防灾减灾、地质工程等非地球物理学专业本科生以及能源勘探工程领域的技术人员使用。

图书在版编目(CIP)数据

地球物理勘探 / 张丽主编. — 徐州 ：中国矿业大学出版社，2025. 3. — ISBN 978-7-5646-6663-7

Ⅰ. P631

中国国家版本馆 CIP 数据核字第 2025A7C813 号

书　　名　地球物理勘探
主　　编　张　丽
责任编辑　路　露
出版发行　中国矿业大学出版社有限责任公司
（江苏省徐州市解放南路　邮编 221008）
营销热线　(0516)83885370　83884103
出版服务　(0516)83995789　83884920
网　　址　http://www.cumtp.com　**E-mail**:cumtpvip@cumtp.com
印　　刷　苏州市古得堡数码印刷有限公司
开　　本　787 mm×1092 mm　1/16　**印张** 10　**字数** 256 千字
版次印次　2025 年 3 月第 1 版　2025 年 3 月第 1 次印刷
定　　价　36.00 元

前　言

本书是为普通高等学校非地球物理学专业学习地球物理勘探方法的学生编写的通用教材，也可以作为其他地质类相关专业学生或能源勘探工程领域的技术人员的学习参考书。本书为煤炭高等教育“十四五”规划教材。

本教材首先介绍了地球物理勘探的基本概念和应用领域，其次详细介绍了每种地球物理勘探方法的原理、特征及应用。每种地球物理勘探方法的内容自成一章，全面系统地阐述了原理和应用。原理部分免去了烦琐的公式推导，力求简明扼要，易于理解和掌握。每种方法的框架内容注重与实际应用结合，从基本概念阐述、原理解析、野外工作过程讲述、正反演模型分析到各类方法的应用，环环相扣、紧密相连，让学生由浅入深、由易到难地进行吸收和掌握。另外，书中涵盖了目前工程上应用较广的一些方法，如电法勘探中的瞬变电磁法和探地雷达法等。

本教材注重基本理论方法的介绍，如电法勘探中的电阻率法、地震勘探中的反射波和折射波法，内容详细、全面，适合学习者反复阅读学习。

本教材还注重方法应用研究，使每种地球物理勘探方法的应用尽可能全面、丰富，有利于学习者理解得更深刻、获取更多的信息。

本书共分为五章，第一章为绪论，主要叙述地球物理勘探的概念、方法分类、特点及应用领域；第二章到第五章分别叙述重力、磁法、电法和地震勘探的基本概念、原理、野外工作过程、正反演模型及应用领域。

本课程的学习需要具备高等数学、大学物理等基础知识，强调各种地球物理勘探技术的原理及综合应用。通过本课程的学习，学生应当能掌握主要地球物理勘探方法的基本原理，能够理解这些方法在工程、环境和地质等方面的应用优先顺序；同时，结合其他专业知识，学会应用这些方法解决实际工程中的各种问题。

本书有选择性地吸收了前人所编教材中的原理等部分内容以及相关领域专家发表过的文献资料，在此一并表示衷心的感谢。

感谢参加书中公式、插图、表格整理的翟强、马康楠、李昕龙、耿学森、韩笑等硕士研究生。本书在编写过程中，得到了山东科技大学同事、中国石油大学（华东）专家、笔者同学以及其他兄弟院校、生产单位同仁的诸多帮助，在此一并致谢。

由于作者水平所限，教材中的缺点和不足之处在所难免，敬请读者批评指正。

编　者

2024 年 9 月于泰安

目　　录

第一章　绪　　论

地球物理勘探，又称应用地球物理学，是地质学与物理学相结合的一门边缘学科。地球物理勘探是以岩石（或矿石，或地层）与其围岩的物理性质差异为物质基础，用专门的仪器设备观测和研究天然存在或人工形成的物理场的变化规律，进而能够查明地质构造、寻找矿产资源以及解决工程地质、水文地质、环境地质等问题的探测方法，通常简称“物探”。

地球物理勘探是主要运用现代科学技术手段、物理方法来勘测地壳上部岩石、构造的方法，可为进一步钻探提供重要依据。不能把地球物理勘探与地质、水文地质、工程地质分割开来。随着计算机技术的智能化发展和仪器的不断更新，探测技术也有了很大进步，并取得了丰硕成果。地球物理勘探具有高效率和低成本等优点，在经济社会发展中发挥着重要作用，但探测结果存在一定的局限性、多解性等缺点。

第一节　地球物理勘探及其方法分类

地球物理勘探是通过观测和研究各种地球物理场的变化来解决水文地质、工程地质、环境地质等问题的一种方法。在自然界中，不同的物理作用具有不同的地球物理场，如重力作用中的重力场，天然或人工建立的电（磁）力作用的电（磁）场。地壳中不同岩（矿）石的密度、磁性、电性和弹性等性质存在差异，这些差异将引起地球物理场的变化，通过仪器测量这些变化，将会得到地下岩性、构造等特征，这些是我们进行地球物理勘探的前提和基础。

地球物理勘探的主要工作内容是：

（1）数据采集：用相适应的仪器测量、接收工作区的各种物理现象的信息。

（2）数据处理：用有效的处理方法从中提取出需要的信息。

（3）地质解释：根据岩（矿）体或构造和围岩的物性差异，结合地质条件进行分析，做出地质解释，推断探测对象在地下赋存的位置、分布范围和产状，反映相应物性特征的物理量等，绘制相应的解释推断出的图件。

用各种地球物理方法在地表或地表附近测量出的各种物理现象的信息，统称为地球物理场信息。地球物理场可以分为天然场和人工场，也可以分为正常场和异常场。

天然场包括重力场、地磁场、地电场、地温场、核物理场等；人工场包括人工爆破产生的弹性波场；向地下供电可产生局部电场；向地下发射电磁波可产生电磁场。

地球本身具有的宏观场或背景场称为正常场；由勘探对象引起的局部地球物理场称为异常场。地球物理勘探正是根据正常场和异常场的分布特征进行地质解释和推断的。

地球物理勘探根据工作的空间分为航空物探、地面物探、井中物探和海洋物探等；根据勘探地质目标分为金属与非金属物探、石油与天然气物探、煤田物探、水文和工程物探、城市与环境物探等；根据场源性质分为天然场源法、人工场源法、天然-人工场源法等；根据场源时间特性分为时间域法和频率域法；根据物理性质分为重力勘探、磁法勘探、电法勘探、地震勘探、放射性勘探等。随着科学技术的发展和计算机技术的应用，许多新方法、新技术不断地被引入地球物理勘探领域，为地球物理勘探的进一步发展开辟了广阔的前景。

在上述各种分类中，根据物理性质的分类是最重要的一种分类方法，是其他分类方法的基础。对于同一种地球物理勘探方法，当应用领域不同时，工作的方法会存在差异。

第二节　地球物理勘探的特点

不同的学科有不同的规律，因而有不同的研究方法。

地球物理勘探是一种研究地球的间接方法。地球物理勘探以观测为基础，所以受观测条件的限制，大部分观测工作只能在地面或近地表进行，这使得地球物理勘探只能通过地面等局部观测资料来推测地球内部的地质情况，难以实现直接观测。

地球物理勘探探测的结果不唯一，具有多解性的特点。造成多解的原因有数学求解问题，但最根本的原因还是地球内部的不可入性所带来的地面观测资料信息的不足。

地球物理勘探中某些物理概念具有相对性。地球物理勘探是建立在严格的物理概念和物理定律基础上的。但是，实践中这些概念必须根据物理条件灵活运用，尤其要注意物理概念在地球物理勘探问题中的相对性。

地球物理勘探是一种综合分析方法。为克服多解性，需要获得更为准确和有效的解释推断信息，这就需要多种物探方法相配合并进行对比研究，还可结合地质理论、地质调查进行综合判断。

地球物理勘探是一种模型分析法。由于地球物理现象的复杂性，常需要进行各种数学模型和物理模型的假设，对实际问题进行简化研究。

此外，地球物理勘探研究中还存在初值和边值的约束作用，这有助于判断假设模型的准确性。

第三节　地球物理勘探的应用领域

一、能源矿产资源勘探

地球物理勘探最重要的应用领域是能源资源勘查，如勘查石油、天然气和煤炭资源。利用地球物理勘探技术可以快速寻找与油气存储有关的地质构造。在早期勘探中，重磁方法应用较多，随着技术的发展，电法和地震勘探在含油气地区构造分析、区块评价中的应用越来越多。

二、固体矿产资源勘探

在固体矿产（如有色金属等）资源勘查中，应用较多的是电法勘探，其次是重力和磁法勘探。勘探的内容包括隐伏矿和盲体矿的勘查等。

三、工程地球物理勘探

在地球物理勘探技术中，工程物探技术的应用也比较广阔。可以应用电法勘探进行桩基检测、地基检测、管线探测等。

四、环境监测和自然灾害防治方面的地球物理勘探

地球物理勘探技术在环境监测和自然灾害防治中也有许多应用。地球物理电磁场技术可服务于生态环境监测，但其高强度的电磁辐射可能会干扰无线电通信并损毁输电系统。地质雷达及低频电磁法可用于探测石油污染区、地下水污染区等。重力法可用于探测岩爆。磁法勘探可用于检测滑坡体滑动。地震勘探可用于了解地面沉降等。总体而言，地球物理勘探技术在环境监测以及自然灾害预测和预防中能够取得良好的效果。

第二章 重力勘探

重力勘探是以研究对象和围岩之间的密度差异为基础，通过观测和研究天然重力场的空间与时间分布规律，查明地质构造、寻找矿产和解决工程环境问题的一种地球物理勘探方法。

重力勘探的应用领域较广，它可以研究区域和深部地质构造，也可以研究局部地质异常体。在石油勘探中主要用于探查与油气生成、运移和聚集有关的各种地质构造，如沉积盆地的基底起伏，盖层内部的构造形态，盐丘、侵入体等局部地质现象，也可以直接研究油气藏。在固体矿产勘探中，可以结合其他物探方法寻找金属矿等。近年来，重力勘探在水文、工程和环境问题中也有应用研究。

第一节 重力勘探的基本概念

一、地球的形状和组成

地球是太阳系八大行星之一，按离太阳由近及远的次序为第三颗行星。它有一个天然卫星——月球，二者组成一个地月系统。地球像一只陀螺，沿自转轴自西向东不停地旋转，自转周期为 23 h 56 min 4 s，约等于 24 h。同时，地球还围绕太阳公转，公转周期为 365.25 d，公转轨道呈椭圆形。

对地球形状的认识，早在人类文明刚开始时就出现了。早期，人类的活动范围有限，对地球形状的看法不一，有方形、圆形、圆柱形等。直到 19 世纪（日心说的建立和牛顿精确的引力理论的建立），人类的认识才走上科学的道路，认识到世界是一个球体，并称之为地球。

地球表面约 70％的面积被水覆盖，陆地面积约占 30％，无论陆地还是海底，地形都有高低起伏，十分复杂，且处于不断变化之中，精确地描述地球的形状是不可能的，也是没有必要的。但是由于各种实际的需要，又必须对地球的形状加以描述。所有对地球形状的规则性的描述都是对实际形状的近似。地球表面最高点（珠穆朗玛峰）海拔为 8 848.86 m，最深处（马里亚纳海沟）在水下 10 830 m，相对高差近 20 km，但与整个地球的尺寸相比仍是很小的，只有不到 1/300。因此，在宏观上将地球近似为表面光滑的规则形体还是很有实际意义的。

地球重力场的变化与地球形状密切相关。大地测量学中规定：以平静海平面的趋势延伸到各大陆之下所构成的封闭曲面，即将大地水准面的形状作为地球的基本形状。大地水准面并不是完全在地球的表面，它的形状可以有不同精度的近似。近似结果分别为：一级近似可视为正球体，平均半径为 6 376 km；二级近似可视为旋转椭球体，赤道半径为 6 378.160 km，极半径为 6 356.155 km；卫星观测资料表明，大地水准面并非标准的椭球面，在北极高出十余米，在南极凹进二十余米,因而三级近似可视为梨形体面(图 2-1-1)。

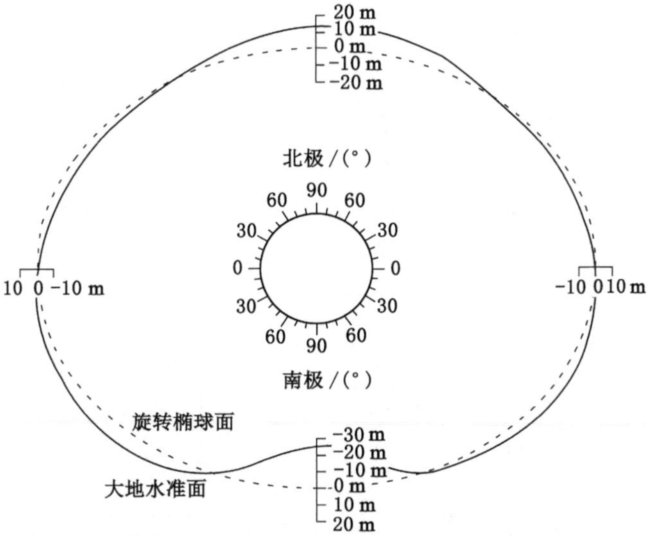

图 2-1-1　大地水准面的二级和三级近似

根据天然地震和人工地震的研究成果,地球内部物质基本上是呈同心层状分布的,由地表到地心可分为地壳、地幔和地核三部分。

(1) 地壳:分为上地壳和下地壳。上地壳以花岗岩类为主,平均密度约为 2.7 g/cm^3;下地壳以玄武岩类为主,平均密度约为 2.9 g/cm^3。

(2) 地幔:地壳底界向下约 2 900 km 范围,密度大于 3.3 g/cm^3 并且随深度的加深而增大。一般认为上地幔平均密度为 3.5 g/cm^3,下地幔平均密度为 5.1 g/cm^3。

(3) 地核:自地幔底界到地心,平均密度可能大于 10.0 g/cm^3。

二、岩(矿)石的密度

地壳内岩(矿)石的密度是人们进行地球物理勘探的基础,密度差异是实施重力勘探的前提条件。因此,密度信息对重力勘探资料的处理和解释具有非常重要的意义。岩石的密度差异主要受岩石类型、岩石矿物成分及含量、岩石中孔隙大小及充填物、岩石所处的环境如温度和压力等因素的影响。

(一) 岩浆岩的密度

岩浆岩的密度主要取决于岩浆岩的类型、矿物成分及其含量。如在酸性岩、中性岩、基性岩、超基性岩中,超基性岩含有较多的铁镁暗色矿物,其密度值相对较大。此外,岩浆岩的产出状态不同,密度也有差异。

(二) 沉积岩的密度

沉积岩的密度主要与沉积岩孔隙性质有关,如砂岩、灰岩、页岩等。当孔隙度较大时,沉积岩密度值主要取决于孔隙度及孔隙中充填物的性质。干燥的岩石随孔隙度减小其密度呈线性增大趋势;孔隙中如有充填物,则充填物的成分(如水、油、气等)及充填孔隙占全部孔隙的比例会明显地影响着密度值。此外,沉积岩的密度还受沉积环境、成岩时代的影响,成岩时代越久远、埋藏得越深，岩石密度值相对越大。

（三）变质岩的密度

变质岩的密度与原岩和变质作用类型及程度有关。若原岩是岩浆岩，变质作用一般有助于孔隙的充填，并使岩石以更致密的形式再结晶，因而，变质岩的密度往往随变质程度的加深而增大。如由岩浆岩变质（正变质）而成的岩石，如片麻岩、角闪岩，比原生的花岗岩、玄武岩致密；由沉积岩变质（负变质）而成的岩石，如大理岩、板岩和石英岩，一般比原生的石灰岩、页岩和砂岩致密。动力变质作用可破坏岩石结构，导致密度减小。

表 2-1-1 所列为部分岩（矿）石的密度。

表 2-1-1　部分岩（矿）石的密度

矿石		岩浆岩		变质岩		沉积岩	
名称	密度/(g・cm^{-3})	名称	密度/(g・cm^{-3})	名称	密度/(g・cm^{-3})	名称	密度/(g・cm^{-3})
赤铁矿	4.5～5.2	花岗岩	2.4～3.1	片麻岩	2.4～2.9	土壤	1.1～2.0
磁铁矿	4.8～5.2	安山岩	2.5～2.8	蛇纹岩	2.6～3.2	砂岩	1.8～2.8
黄铁矿	4.9～5.2	辉长岩	2.7～3.4	石英岩	2.6～2.9	页岩	2.1～2.8
铬铁矿	3.2～4.4	玄武岩	2.6～3.3	大理岩	2.6～2.9	石灰岩	2.3～3.0
重晶石	4.4～4.7	橄榄岩	2.6～3.3			硬石膏	2.7～3.0
						盐岩	3.1～3.2

三、重力与重力场

地球上任何物体都受到重力作用，物体的重力其实是两个力的合力，即地球的引力和惯性力的合力（图 2-1-2）。

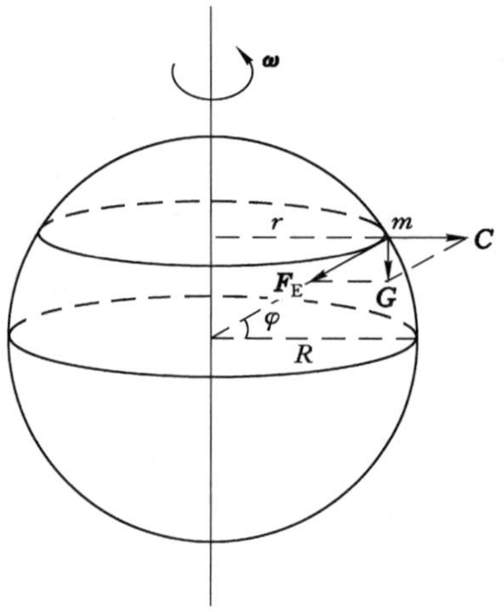

图 2-1-2　重力的组成

根据万有引力定律，地球作为一个有一定质量 M_E 的球体，对其外部质量为 m 的物体有如下引力：

$$\boldsymbol{F}_{\mathrm{E}}=-f\frac{M_{\mathrm{E}}\cdot m}{R^{2}}\cdot\frac{\boldsymbol{R}}{R} \tag{2-1-1}$$

式中，f 为万有引力常量，SI(国际单位制)中，$f=6.67\times10^{-11}\ \mathrm{N\cdot m^2/kg^2}$；$\boldsymbol{F}_{\mathrm{E}}$ 的方向沿着两质点的连线，单位为牛(N)。

由于地球的自转，地球上的物体都要受到惯性离心力的作用：

$$\boldsymbol{C}=m\cdot\boldsymbol{\omega}^{2}\cdot r \tag{2-1-2}$$

式中，$\boldsymbol{C}$ 为地球自转产生的离心力；$\boldsymbol{\omega}$ 为地球自转角速度；r 为物体到地球自转轴的距离。

物体所受重力应为地球的引力和惯性离心力的矢量和：

$$\boldsymbol{G}=\boldsymbol{F}_{\mathrm{E}}+\boldsymbol{C} \tag{2-1-3}$$

地球对物体的引力遵循万有引力定律。按照这个定律，质量分别为 m_1 和 m_2 的两个质点间的引力 F，与它们质量的乘积成正比，与它们之间的距离 r 的平方成反比，其模量为：

$$F=f\frac{m_1m_2}{r^2} \tag{2-1-4}$$

SI 中重力的单位为 $\mathrm{m\cdot s^{-2}}$，它的百万分之一称为一个重力单位(gravity unit)，简写为 g.u.，即

$$1\ \mathrm{g.u.}=10^{-6}\ \mathrm{m\cdot s^{-2}} \tag{2-1-5}$$

在 CGS(厘米·克·秒制)中，重力的单位为 Gal(伽)，它的千分之一称为 mGal(毫伽)，百万分之一称为 μGal(微伽)，即

$$1\ \mathrm{Gal}=10^{3}\ \mathrm{mGal}=10^{6}\ \mu\mathrm{Gal}=1\ \mathrm{cm\cdot s^{-2}} \tag{2-1-6}$$

两种单位的换算关系为：

$$1\ \mathrm{g.u.}=10^{-1}\ \mathrm{mGal} \tag{2-1-7}$$

从场力做功的观点出发，重力场的特征还可以用重力位来表示，重力场中某点的重力位 $\boldsymbol{W}$ 等于单位质量的质点由无穷远移至该点时场力所做的功。

四、地球的重力场

重力勘探观测、研究的是天然的重力场。引起重力场变化的因素很多，如地球的形状、地球的自转、地球表面的起伏不平、地球内部物质密度分布的不均匀性、太阳和月球的引力等。因此，人们把地球的重力场分为正常重力场、重力随时间的变化及重力异常三部分进行研究。

(一) 正常重力场

地球表面性质十分复杂，地球内的密度分布又很不均匀。既然我们需要的仅仅是密度分布不均匀产生的重力变化，很自然会提出“假如地球是一个形状规则且内部密度分布均匀的椭球体，那么地表各处的重力分布是什么样子的?”这一问题，这就提出了“正常重力”这一概念。

假定：地球是一个旋转椭球体(又称为参考椭球体)，表面光滑；内部密度分布是均匀的，或者是呈同心层状分布的，每层的密度分布是均匀的；椭球面的形状与大地水准面的偏差最小。

在重力勘探和大地测量学中，一般把大地水准面的形状作为地球的基本形状。测量结

果表明，大地水准面的形状不规则，它在南北两半球并不对称，北极略为凸出，南极略平，呈“梨”形。

20 世纪 80 年代以后，我国各行业统一使用赫尔默特公式（该公式于 1901—1930 年间得到逐步完善）计算正常重力值：

$$g_{\varphi}=9\ 780\ 300(1+0.005\ 302\sin^2\varphi-0.000\ 007\sin^2 2\varphi)\ (\text{g.u.}) \tag{2-1-8}$$

式中，φ 为地理纬度。

对正常重力应有如下认识：

（1）正常重力公式是按一定条件推导出来的理论公式，而不是客观存在的；

（2）正常重力值只与纬度有关，而与经度无关；

（3）正常重力值在赤道最小（9 780 300 g.u.），向两极逐渐变大（9 832 087 g.u.），最大相差约 50 000 g.u.；

（4）正常重力值随纬度的变化率与纬度有关，在纬度 45°处的变化率最大；

（5）正常重力值随高度增大而减小，在地表附近，其变化率约为－3.086 g.u./m。

（二）重力场随时间的变化

重力场在时间维度上的变化可划分为两类，即长期变化和短期变化。

重力长期变化是地球物理研究的关键部分，主要归因于地壳内部的岩浆活动、构造运动以及板块运动等物质变动情况；主要特点为变化十分缓慢、变化幅度小，在短时间内变化很弱，故在重力勘探中不予考虑。

重力短期变化是由地球与太阳、月亮之间的相互位置变化引起的（即与天体运动有关）；主要特点是变化周期短（24 h）、变化幅度较大，可达 2～3 g.u.；在高精度重力测量中是不可忽略的，必须做相应的日变校正。

图 2-1-3 中呈现的是北京地区的一条重力日变曲线。各点日变值还应考虑季节、纬度和地轴倾斜的影响，春秋季节，赤道上的日变幅度是最大的，此幅度是不容忽略的。

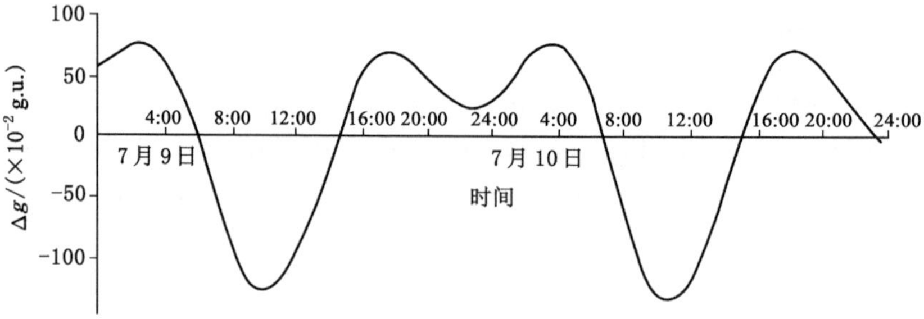

图 2-1-3　1976 年 7 月 9 日至 10 日北京地区重力日变曲线

（三）重力异常

重力异常是指在重力勘探中，由地下岩（矿）石密度分布不均匀所引起的重力变化。

从广义的角度讲：

$$\Delta g=g_{观}-g_0 \tag{2-1-9}$$

式中，Δg 为重力异常；$g_{观}$ 为测点的重力观测值；g_0 为测点的正常重力值。

$g_{观}$ 与 g_0 之间存在差别的原因有以下 3 个方面：

(1) 重力观测是在地球的自然表面上而不是在大地水准面上进行的(自然表面与大地水准面间的物质以及测点与大地水准面间的高差均会引起重力的变化)；

(2) 地壳内物质密度的不均匀分布；

(3) 重力日变化。

五、重力异常的实质

为了说明重力异常的实质，在图 2-1-4 中，设地下有一体积为 V、密度为 σ 的球形密度异常体，A、B 两点均在大地水准面上，如果两点的纬度不同，纬度的变化会引起正常重力值的变化。

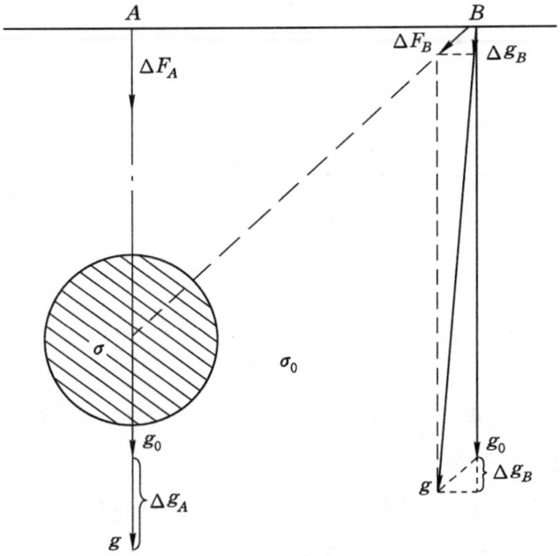

图 2-1-4　重力异常的实质

假设在足够大的范围内围岩密度是均匀的，值为 σ_0，异常体相对围岩的密度差称为剩余密度($\Delta\sigma=\sigma-\sigma_0$)，异常体与相同体积围岩之间的质量差称为剩余质量($\Delta M=\Delta\sigma\cdot V$)。由于剩余质量的存在，与密度正常分布的情况相比，测点受到一个附加引力 ΔF，测点的实际重力 $g=g_0+\Delta F$。

严格来讲，g 和 g_0 方向不同，但由于$|\Delta F|\ll|g_0|$，可近似认为 g 与 g_0 方向相同，均沿 z 轴方向。实测重力异常 Δg 是 ΔF 在 z 轴上的投影。

重力异常是地质体的剩余质量在测点所产生的附加引力的铅直分量，这就是重力异常的实质。

六、重力勘探的应用条件

重力勘探无论是用于研究地质构造，寻找各种矿产资源，还是近年来在水文地质、工程地质、环境地质中的应用与研究，都是利用地下物质密度分布不均匀所引起的重力微小变化来达到目的的，其他因素的影响就被当作干扰，因而要引入相应的校正方法予以消除。

要探测到地质异常体产生的重力异常，一般应具备以下几个条件：

第一，异常体与围岩之间要有一定的密度差。当异常体的密度大于围岩密度时，剩余密度为正，可观测到局部重力高；反之，可观测到局部重力低；没有密度差则观测不到重力异常（图 2-1-5）。

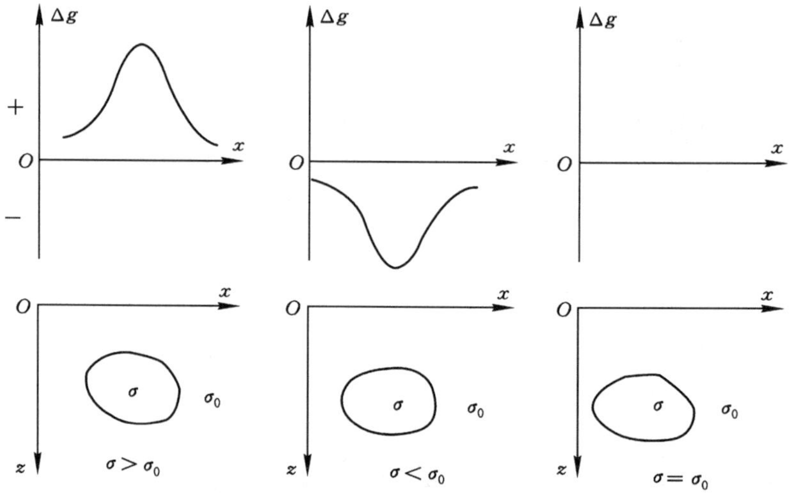

(a) (b) (c)

图 2-1-5 不同剩余密度及对应的重力异常

第二，地质异常体必须沿水平方向有密度变化，或是有一定的构造形态。水平层状均匀的密度分布不能引起可观测的相对重力异常。

第三，待探测的密度不均匀体要有一定的规模，即剩余质量不能太小。这是因为重力异常值的大小从根本上取决于地质异常体的剩余质量。

第四，探测对象不能埋藏过深。例如，中心埋深为 100 m、剩余质量为 5.0×10^{5} t 的球形矿体，在球心上方可以产生 3.35×10^{-6} m/s^2 的异常。但是，当该球体中心埋深变为 1 000 m 时，却只能引起 3.4×10^{-8} m/s^2 的微弱异常，这是仪器不能察觉的。

第五，干扰要轻。恶劣的地形、浅层密度不均匀、围岩密度变化等都会对重力场产生严重的干扰而使目标异常体产生的异常无法被识别。只有当地形比较简单，围岩密度比较均匀，探测对象（目标异常体）与围岩的密度差较大，其他地质因素的干扰能从实测异常中清除时，重力勘探才能获得较好的地质效果。

上述条件都是相对的，随着理论技术的进步和仪器设备精度的提升，重力探测的应用范围正越来越广。

第二节 重力勘探的工作方法

一、重力仪介绍

重力仪用于重力测量，通过重力仪可以测得地球表面任意一点的重力值。若测的是测点的重力绝对值，则属于绝对重力测量，常运用于建立高级基准观测站或者进行地震监测等工作；若测的是该点与另一点的重力差，则属于相对重力测量，多用于勘察地质构造或进行工程及环境监测等工作。

此外，通过仪器规划、材料挑选及干扰排除等途径，可以精确体现重力细微的变化。由于重力差比重力全值小多个数量级，若测量值达±(0.01～1n)g.u.精度(n 取 1～10 的整数)，相对精度会远低于绝对重力仪，仪器轻便化和小型化就更易实现。

(一) 工作原理

在重力场内，一个恒定质量为 m 的物体，其重力会随着重力加速度 g 的变化而改变。为了测量这种变化，我们引入其他力来平衡物体所受的重力或重力矩的变化。按物体受力变化而产生位移方式的不同，重力仪可分为平移(或线位移)式和旋转(或角位移)式两大类。

平移(或线位移)式重力仪的原理是：当重力发生变化时，物体受力不再平衡，会产生沿直线方向的位移。例如，通过弹簧的弹力来平衡重力。当重力增大时，物体会压缩弹簧产生位移；当重力减小时，弹簧会伸展使物体产生反向位移。通过精确观测这种直线位移的变化，就能够推断出重力的变化，从而测量出两点间的重力差值。

旋转(或角位移)式重力仪的原理则有所不同：当重力改变时，物体会产生围绕某一轴的旋转或角位移。此时，可利用电磁力来平衡重力矩。当重力再次变化时，物体的旋转角度会相应改变。通过高精度地测量这个角位移的大小和方向，同样可以实现对两点间重力差值的测量。

(二) 影响重力仪观测精度的因素

重力仪的精度是衡量其测量结果准确性和可靠性的重要指标，反映了测量结果与真实重力值之间的接近程度。在重力仪的测量中，精度不仅仅取决于测量的次数，更关键的是受到众多干扰因素所导致的误差影响，诸如温度变化、气压变化、电磁力作用、安置状态不一致、零点漂移以及振动等各种干扰因素。这些因素会导致测量结果产生偏差，从而影响重力仪的精度表现。而要提高精度，就必须采取有效措施来最大限度地降低这些干扰因素的影响。

1. 温度影响

温度变化会致使重力仪的部件热胀冷缩，导致着力点间相对位置改变，同时弹簧的弹力系数也受温度影响。以石英弹簧为例，其弹性温度系数约为 1.20×10^{-6}，温度变化 1 ℃相当于重力(全值)变化 1 200 g.u.。为降低温度的影响，可采取的措施有选用受温度变化影响较小的材料作弹性元件，附加自动温度补偿装置，采用电热恒温，野外使用时避免阳光直射，搬运时使用通风良好的专用外包装箱等。

2. 气压影响

气压变化主要改变空气密度，使平衡体所受浮力改变，从而使仪器内部形成微弱气流并冲击弹性系统。消除气压影响的方法是将弹性系统置于高真空封闭容器内、加等体积矩的气压补偿器，有条件时在气压仓内检测并引入气压校正。

3. 电磁力影响

对于石英摆杆，自由摆动时与空气分子摩擦产生的静电会使仪器读数变化，可在平衡体附近放置适量放射性物质导走电荷。金属弹性元件含铁磁性元素，会对地磁场变化产生响应而改变读数，应对弹性系统消磁并加磁屏屏蔽磁场，有条件时在人工磁场中测量并引入校正项，野外工作时利用指南针定向可使摆杆方向总与地磁场垂直。

4. 安置状态不一致影响

各测点安放重力仪时难以完全一致，摆杆与重力方向夹角不同，使测量结果受摆杆与重力方向夹角不一致的影响。为减小此影响，应将平衡体质心与水平转轴构成平面为水平时的平衡体位置作为重力仪零点位置，重力仪通常配备水准器和调平螺丝，有的还有电子水准器和自动调节系统。

5. 零点漂移影响

重力仪的弹性元件长期受力会产生弹性疲劳和蠕变等，从而导致微小永久形变，产生零点漂移(简称零漂)，影响测量精度。零漂大小和规律与材料及工艺相关，好的重力仪零漂较小且与时间呈线性相关关系。为消除零漂影响，需通过性能试验检查并引入零点校正。

6. 振动影响

振动对观测精度影响显著，运输中的突然撞击、日常操作中的碰撞都会导致读数突变，仪器零漂在动态时比静态时大且无规律，不同运输方式和汽车型号的影响不同。在高精度测量中，振动是重要误差因素，运输中可采用泡沫海绵垫、软垫、人工小心手提等方式减小误差。

(三) 重力仪的分类

弹簧类重力仪，按制作材料的不同可分为两大类，即石英弹簧重力仪与金属弹簧重力仪，它们都是依据重力矩与弹力矩平衡原理设计的。还有一种是超导重力仪，用电磁力来平衡重力，该种仪器精度很高，且几乎没有零漂，但体积与质量均较大，只适合在固定台站上使用。

1. 石英弹簧重力仪

石英弹簧重力仪是在地面重力测量中常用的一类仪器。例如，美国生产的沃尔登(Worden)重力仪、加拿大制造的CG-2型和CG-2G型重力仪，以及中国生产的ZSM系列重力仪，这些都属于旋转式重力仪。它们的内部结构大致相同，从外形上看，都类似于一个较大的热水瓶。几种重力仪的主要技术指标可参考表2-2-1。

表 2-2-1　几种重力仪的主要技术指标

仪器型号		Worden		CG-2	ZSM-V
		主型	勘探型		
指标	测量上限/g.u.	30 000	30 000	50 000	50 000
	精度①/g.u.	±0.1	±0.1		<0.3
	格值变化	1/1 000	1/1 000	1/1 000	<1/1 000
	恒温装置	有	无		有
	质量/kg	2.7	2.3	5	6

注：① 这是厂方提供的指标。如小心使用两种仪器，方法得当，精度会高得多。

2. 金属弹簧重力仪

金属弹簧重力仪是一类在重力测量领域应用广泛的仪器，它不仅能够在地面进行精确的重力测量，还能在海洋环境中发挥作用。在众多金属弹簧重力仪中，由美国生产的 LCR 重力仪在精度方面表现得较为突出。

LCR 重力仪拥有两种型号，其中 G 型(Geodetic)具有较大的测程，能够适应全球范围内的测量，无须调节测程，这使得它在大范围的测量工作中具有很大的优势。而 D 型(Microgal)则以高精度著称，不过其直接测量范围相对较小，更适合对精度要求极高的局部测量场景。

无论是用于地面的地质勘探、大地测量，还是用于海洋中的重力场研究，金属弹簧重力仪都为获取准确的重力数据提供了有力的支持。

(1) LCR 重力仪主要技术指标

LCR 重力仪的主要技术指标如表 2-2-2 所列。

表 2-2-2　LCR 重力仪的主要技术指标

类型	D 型	G 型
测量上限/g.u.	2 000	70 000
测量精度①/g.u.	0.1	0.4
读数重复性/g.u.	0.05	0.1
零点漂移	约 5 g.u./月(使用一年以上)	
	约 10 g.u./月(使用一年以下)	
尺寸/cm	20×18×25	
直流电源/V	12	
净质量/kg	3.2	

注：① 这是厂方提供的指标。实际上，两种仪器只要小心使用，方法得当，精度会高得多。

(2) LCR 重力仪内部结构

LCR 重力仪弹性系统结构如图 2-2-1 所示。

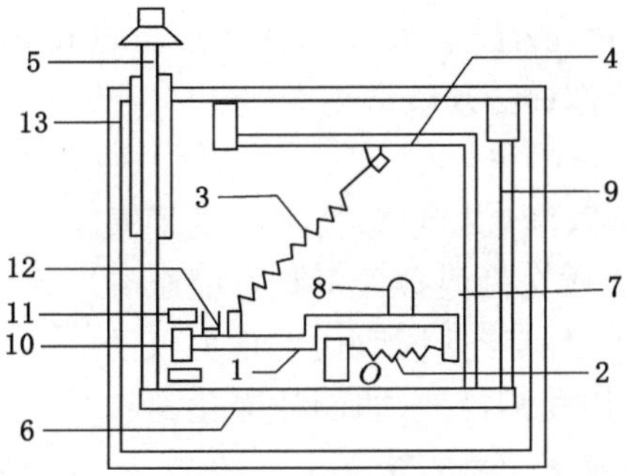

1—平衡体；2—减振弹簧；3—主弹簧；4，6—水平杠杆；5—测微器；7，9—垂直杠杆；
8—气压补偿器；10—重荷；11—电容板；12—指示丝；13—外壳。

图 2-2-1　LCR 重力仪弹性系统结构

① 弹性元件采用弹性温度系数最小的镍基合金制作。平衡体 1 的一端与减震弹簧 2 相连，此减振弹簧 2 的另一端 O 固定在支架上(图 2-2-2)，减振弹簧 2 既能削弱振动对灵敏系统的影响，又能大幅度减小平衡体对转轴的摩擦系数。

② 平衡体为直杆，前端有重荷。主弹簧 3 连接在平衡体的中心处，其上端点与水平杠杆 4 相连。

③ 测量装置由测微器 5 以及与之相连的杠杆 4、6、7、9 组成，这套杠杆装置具有放大作用，比如 G 型仪器约有 116 倍的放大效果。

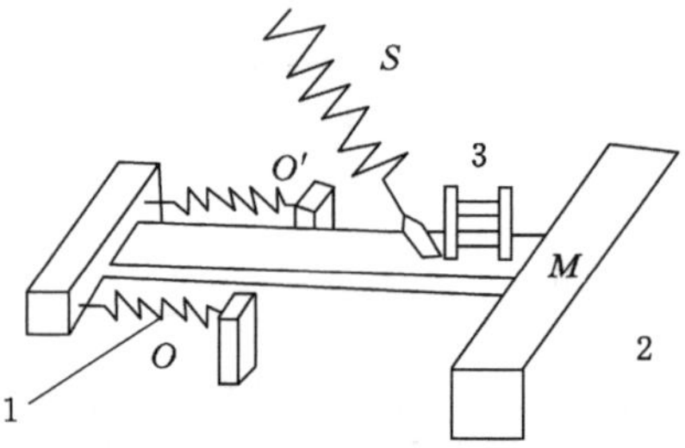

1—减振弹簧；2—平衡体；3—指示丝。

图 2-2-2 减振弹簧连接示意图

(3) LCR 重力仪测读系统与锁制装置

① LCR 重力仪的测读系统

LCR 重力仪采用零点读数法，电子读数可将平衡体位置变化转化为电压幅度变化，具有精度高、能连续记录和监视分辨率高的优点。仪器面板上的检流计用于显示电压输出，能进行零点和灵敏度调节，使其零点对应平衡体零点位置。

D 型仪器的测读系统与 G 型的基本相同，但在平衡体中心附近悬挂了测程弹簧，通过传动装置与测程调节螺丝相连来调节测程。

② LCR 重力仪的锁制装置

由于仪器的弹性系统尤其是平衡体本身质量相对较大，搬运时必须在平衡体被锁制的状态下进行，否则可能损坏弹性系统甚至整台仪器。

锁制装置是非常精密的机械装置，共采用 6 个限位点和 3 个制动点做限位和制动。

打开和关闭锁制装置动作都必须缓慢均匀。

3. 超导重力仪

20 世纪 60 年代以后，美国学者把超导技术引进了重力观测领域，他们利用某些物质在低温条件下具备完全导电性和完全抗磁性的特性，用磁悬浮系统取代了重力仪的弹性系统。其目的是检测长周期潮汐波、非潮汐变化的极移、构造过程中的重力效应、液核动力学效应等。

超导重力仪是一种高精度的重力测量仪器，如图 2-2-3 所示，它具有复杂的结构和独特的测量原理。

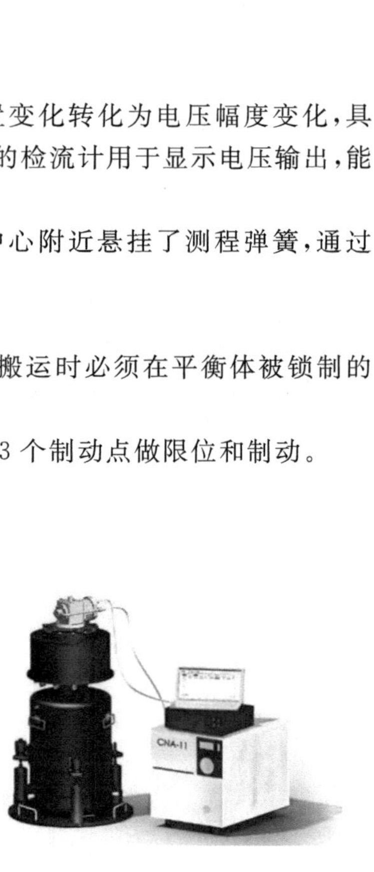

图 2-2-3 新一代便携式超导重力仪

超导重力仪的核心部件通常包括超导球、超导磁悬浮装置、低温容器和检测装置等。超导球在低温下处于超导态,具有完全抗磁性和零电阻特性。超导磁悬浮装置使超导球处于悬浮状态。

超导重力仪的工作原理是:首先将用超导材料制成的线圈置于临界温度以下的环境中,输入一个长期电流形成永久磁场。其次将一个质量很小、有一定厚度的由超导材料制成的空心小球放置在线圈上面,由于超导体的迈斯纳效应,此时超导小球具有抗磁性,会随着重力的变化,比如因地下物质的移动、潮汐作用等导致的变化而上下浮动。当地球重力场发生改变时,超导小球所处位置的重力加速度会出现微小变化,从而引起超导小球悬浮位置的相应微小位移。通过极其灵敏的检测装置,如超导量子干涉器件,能够精确测量这一微小位移,再依据相关的物理模型和计算公式,将超导小球的位移转换为重力变化的数值。亦即,把这种上下位移转换成电信号输入记录器,就能记录到重力的变化。

利用这种超导磁悬浮装置制成的重力仪就是超导重力仪。

二、野外工作方法

(一)测网布置

重力勘探的测网布置大体上分为四个阶段,分别为预查、普查、详查和精测 4 个阶段。

1. 预查阶段

采用 1∶1 000 000 或 1∶500 000 的小比例尺。在大约每 100 km^2 或 50 km^2 的面积上布置一个测点,且要求均匀分布,目的是了解某地的大地构造情况。

2. 普查阶段

一般采用 1∶200 000 或 1∶100 000 的比例尺。测点距为 0.5～2 km 不等,用于了解区域构造特征,划分大的岩体或了解局部构造的位置、范围及产状等。

3. 详查阶段

采用 1∶50 000 或 1∶10 000 的比例尺。要求在严格的点线网上进行测量,以了解构造形态及地质体的分布状况。

4. 精测阶段

一般采用 1∶500～1∶5 000 的比例尺。测线距可加密至 5 m,测点距可加密至2 m,以具体查清某构造或地质体的产状及赋存情况等。当布置测网时,测线必须大致垂直于构造走向或地质体长轴方向。对于近似等轴状地质体的勘探,可采用方格网。同时,精测阶段一般要有 2～3 条测线,每条测线要有 3～5 个点位于异常体上方。

(二)野外观测方法

1. 仪器准备

选择高精度的重力仪,并在使用前进行严格的校准和调试。

2. 基点选择

选择地形稳定、不受干扰且易于到达的地点作为基点。

3. 观测操作

在选定的测点上,按照操作规程安置重力仪,确保仪器水平和稳定。进行多次观测,记录观测数据,包括重力值、观测时间、仪器状态等。

4. 零点位移改正

由于重力仪自身因素的影响,读数的零点会随时间发生变化。观测一段时间后,必须回到基点观测一次,以进行零点位移改正。

第三节　重力资料的整理及图示

一、重力资料的整理

野外观测结束后，应确定各测点相对总基点（或正常重力）的重力差值，但这些差值并非重力异常，因为其中包含干扰因素。地面任一点的重力值由该点纬度、周围地形、固体潮及岩（矿）石密度变化这 4 种因素决定。固体潮影响小，高精度测量时不可忽略；纬度变化影响较大，影响程度约为重力平均值的 0.5%；地形高差影响通常小于纬度变化影响。相比之下，重力异常十分微弱。因此，高精度进行各项校正以从强干扰中提取微弱异常意义重大。

消除自然地形引起的重力变化要进行地形、中间层和高度三项校正，消除正常重力对测量结果的影响还应进行正常场校正。

（一）地形校正

校正原因是：地形起伏往往使得测点周围的物质不能处于同一水准面内，对实测重力异常造成了严重的干扰，因此必须通过地形校正予以消除，又称为地改。

校正办法是：除去测点所在水准面（图 2-3-1）以上的多余物质，并将水准面以下空缺的部分用物质填补起来。

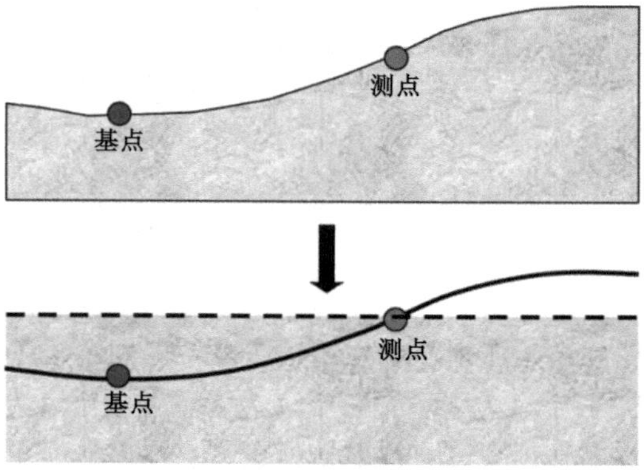

图 2-3-1　地形校正方法

按测网划分出的扇形小块分别计算校正值并相加，就获得该点的重力校正值。根据距测点的距离，地改分为近区地改、中区地改和远区地改。在实际计算过程中，地形校正值可通过式（2-3-1）来确定：

$$\Delta g = f\int_V \frac{\mathrm{d}m}{r^2} = f\int_V \frac{\sigma_0 \mathrm{d}V}{r^2} \tag{2-3-1}$$

该公式基于万有引力定律，针对地形中不同位置物质对测点重力的影响做积分运算，从而得到精确的校正值，以消除地形因素对实测重力异常的干扰。

由图 2-3-2 可知，在测点 O 所在水准面以上的正地形部分，多余物质产生的引力垂直分量向上，导致仪器读数减小；负地形部分相对该水准面缺少物质，空缺物质产生的引力可视为负值，其垂直分量也向上，同样使仪器读数减小。

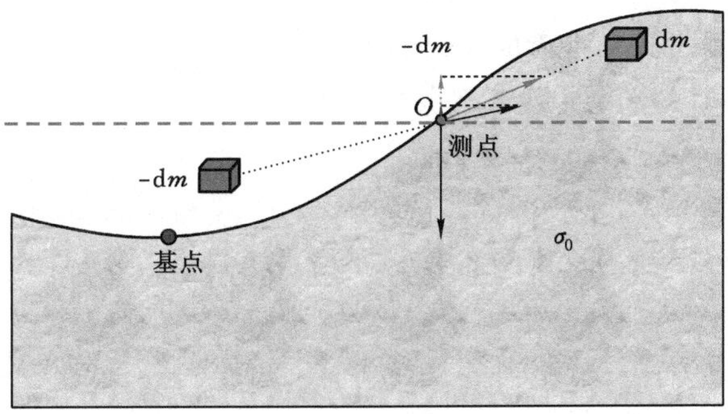

图 2-3-2　地形校正原理

（二）中间层校正

校正原因是：经地形校正以后，测点周围的地形变成水准面，但测点所在水准面与大地水准面或基准面（总基点所在的水准面）之间还存在着一个水平物质层（图 2-3-3）。消除这一物质层的影响就是中间层校正。

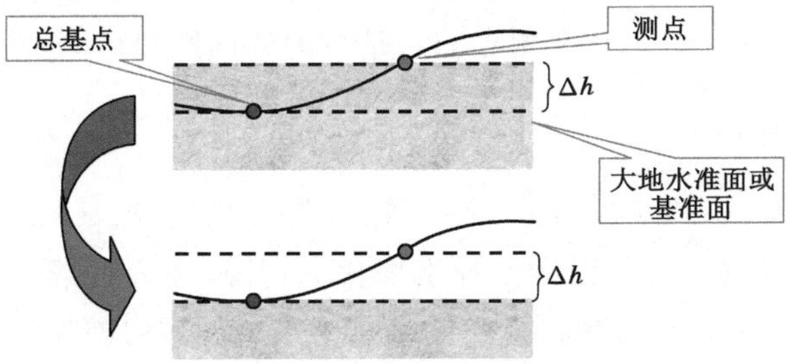

图 2-3-3　中间层校正原理

中间层可当作一个厚度为 Δh（单位为 m）、密度为 σ（$g \cdot cm^{-3}$）的无限大水平均匀物质面。由于地壳内物质每增厚 1 m，重力增加约 0.419σ（g.u.），故中间层校正值 $\delta g_{中}$ 为：

$$\delta g_{中} = -0.419\sigma \cdot \Delta h \tag{2-3-2}$$

当测点高于大地水准面或基准面时，Δh 取正，反之取负。

（三）高度校正

校正原因是：将地球当作密度呈均匀同心层分布的旋转椭球体时，地面每升高 1 m 重力减小约 3.086 g.u.，经过地形、中间层校正后，测点与大地水准面或基准面间还存在一高度差 Δh（图 2-3-4），为消除这个高度差对实测值的影响，必须进行高度校正。

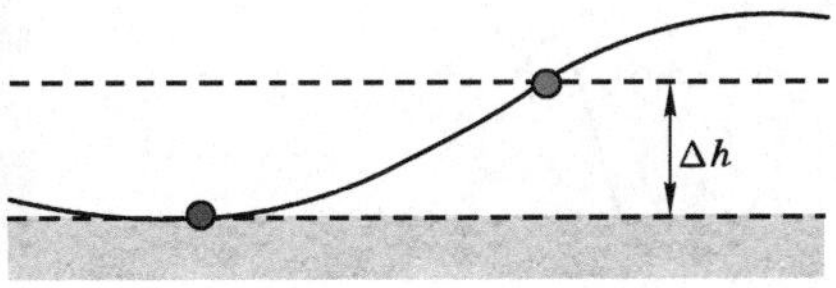

图 2-3-4　高度校正原理

因此，高度校正值 $\delta g_{高}$ 为：

$$\delta g_{高} = 3.086\Delta h \tag{2-3-3}$$

测点高于大地水准面或基准面时，Δh 取正，反之取负。

高度校正值和中间层校正值都与测点的高程呈正比例关系，通常把这两项合并起来称为布格(Bouguer)校正，即

$$\delta g_{布} = \delta g_{高} + \delta g_{中} = (3.086 - 0.419\sigma)\Delta h \ (\text{g.u.}) \tag{2-3-4}$$

经过上述各项校正得到的重力异常称为布格重力异常：

$$\Delta g_{布} = \Delta g_{实测} + \delta g_0 + \delta g_{地} + \delta g_{布} \tag{2-3-5}$$

布格重力异常是重力勘探中极其重要的概念之一。

(四) 正常场(纬度)校正

正常重力是纬度的函数，当测点与基点纬度不同时，正常场的值是不同的。为消除正常重力因纬度不同而引起的重力变化，实现纬度一致性而进行的校正称为正常场(纬度)校正。

由于测点与基点的纬度均是已知的，可以计算出正常重力值的变化量：

$$\Delta g_{\varphi} = g_0(\varphi_A) - g_0(\varphi_B) \tag{2-3-6}$$

当测区范围不很大时，可以认为正常场的纬度变化率不变，正常重力值的变化量为：

$$\Delta g_{\varphi} = 0.814\sin 2\varphi \cdot \Delta x \ (\text{mGal}) = 8.14\sin 2\varphi \cdot \Delta x \ (\text{g.u.}) \tag{2-3-7}$$

式中，φ 为总基点所在的纬度；Δx 为测点与总基点的纬向距离(单位为 km)。

二、重力资料的图示

(一) 剖面图

重力异常剖面图反映某一剖面线上异常变化的情况，在定性或定量解释工作中用得较多。重力异常剖面图(图 2-3-5)是将重力测量结果沿着剖面线按照一定比例尺等要求绘制成图的结果，是重力测量结果的主要表现形式之一。

(二) 平面等值线图

重力异常平面等值线图与地形等高线图的绘制方法类似，用异常等值线来表示重力异常形态及变化。该类图件反映了测区内重力异常的位置、特征、走向及分布范围。

若等值线圈闭中心处重力异常值比周围的大(图 2-3-6 中标有“+”号的圈闭)，则这种异常分布称为重力高；反之，若等值线圈闭中心处重力异常值比周围的小(图 2-3-6 中标有“—”号的圈闭)，则这种异常分布称为重力低。由一组彼此大致平行，且沿一定方向延伸的密集等值线所表示的异常分布，称为重力梯级带(图 2-3-6 中 A、B 之间的一组等值线)。

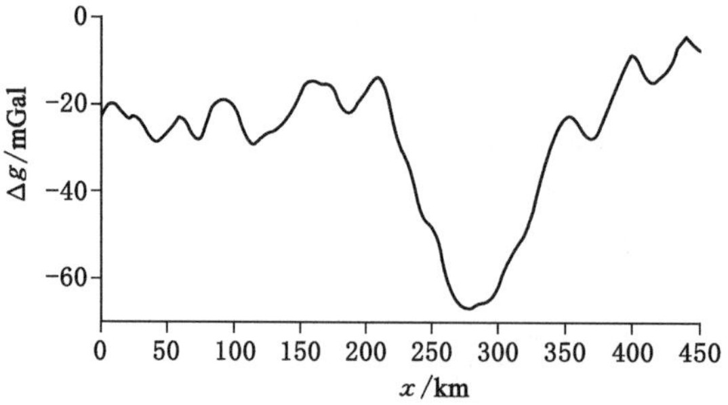

图 2-3-5 重力异常剖面图

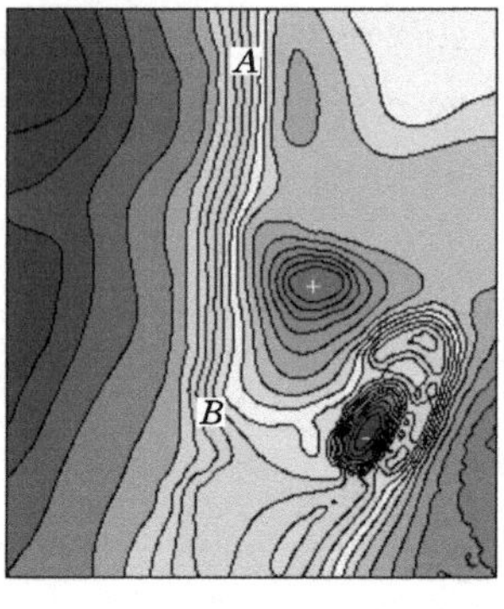

图 2-3-6 重力异常平面等值线图

此外，还有平面剖面图以及剖面平面图(图 2-3-7 和图 2-3-8)，它们的绘制方法是把异常剖面图按测线的实际位置方向展布在同一平面上。

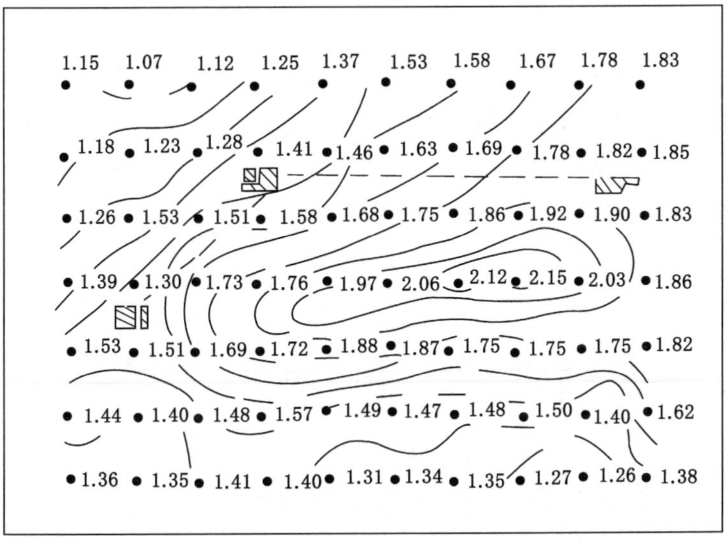

图 2-3-7　平面剖面图

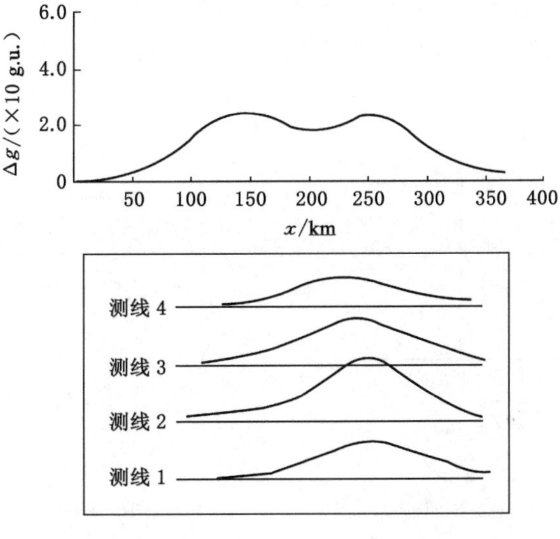

图 2-3-8　剖面平面图

第四节　重力异常的正演

重力异常的正演也称正问题，是指给定地质异常体的形状、产状和剩余密度分布，通过计算得出重力异常的大小、特征和变化规律等。正问题基于给定地球物理模型，如球体、水平圆柱体、铅垂台阶及半平面等引起的重力异常，通过数值计算或物理模拟得出相应地球物理场的特征，目的是认识和掌握地球物理场特征与场源之间的对应关系。

一、球体

球体模型用于一些近似于等轴状的地质体，如矿巢、矿囊、侵入体、盐丘、穹窿等。特别是当水平方向的尺度小于它们的中心埋深时，效果更好。

如图 2-4-1 所示，假设球体半径为 r，剩余密度为 $\Delta\sigma$，剩余质量为 ΔM，球心埋深为 D，以球心在地面的投影点为坐标原点，地面上任意点 $p(x,y,0)$处的重力异常为：

$$\Delta g(x,y,0)=\frac{4}{3}\pi r^3 f\Delta\sigma\frac{D}{(x^2+y^2+D^2)^{3/2}}=f\frac{\Delta M\cdot D}{(x^2+y^2+D^2)^{3/2}} \qquad (2\text{-}4\text{-}1)$$

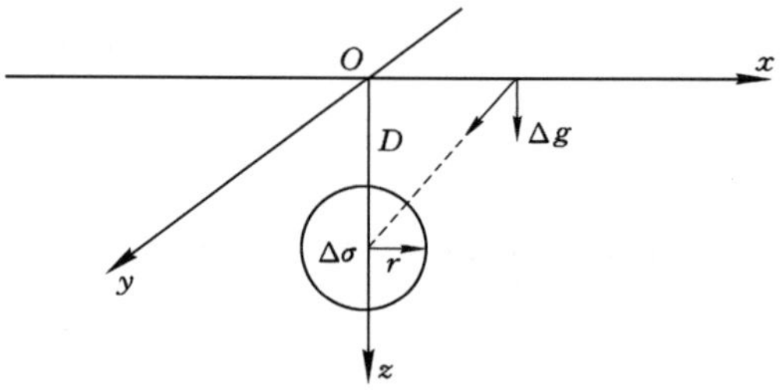

图 2-4-1　球体模型

如图 2-4-2 所示，异常的平面等值线为一系列的同心圆，圆心为球心在地面的投影点。主剖面异常曲线相对于纵轴左右对称，在原点处取得极大值：

$$\Delta g_{\max}=f\frac{\Delta M}{D^2} \qquad (2\text{-}4\text{-}2)$$

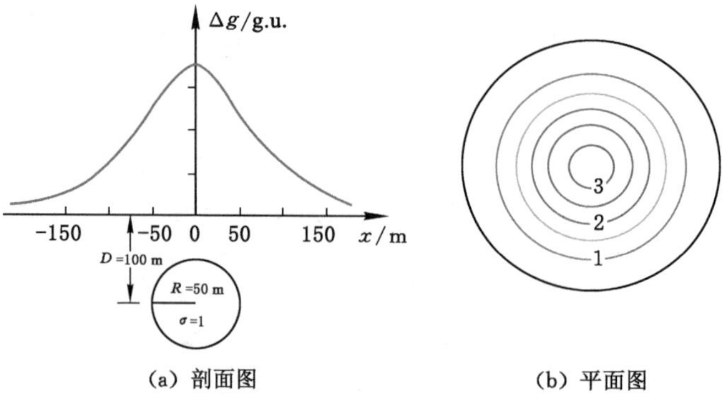

图 2-4-2　球体的重力异常理论曲线

二、水平圆柱体

柱体模型用于模拟有明显走向的地质现象，如长轴背斜、向斜等。

1. 一般水平圆柱体

如图 2-4-3 所示，一般水平圆柱体轴线埋深为 D，横截面半径为 r，剩余密度为 $\Delta\sigma$，长度为 $2L$，令 y 轴与柱体轴线平行，坐标原点为该水平圆柱体横截面轴线中点在地面的投影点。

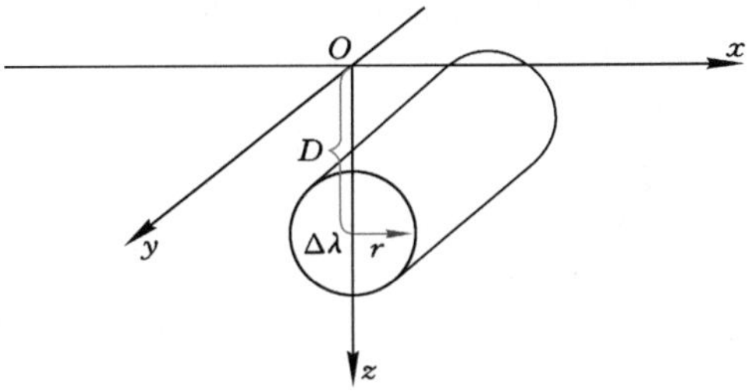

图 2-4-3　一般水平圆柱体模型

圆柱体在其外部空间的重力作用线，等价于质量集中于轴线且剩余线密度 $\Delta\lambda=\pi r^2\Delta\sigma$ 的物质线。

地面上任意一点 $p(x,y,0)$ 处的重力异常为：

$$\Delta g(x,y,0)=\int_{-L}^{+L}f\frac{\Delta\lambda D}{[x^2+(y-\eta)^2+D^2]^{3/2}}\mathrm{d}\eta$$
$$=f\Delta\lambda D\left[\frac{L-y}{(x^2+D^2)\sqrt{(x^2+D^2)+(L-y)^2}}+\frac{L+y}{(x^2+D^2)\sqrt{(x^2+D^2)+(L+y)^2}}\right] \tag{2-4-3}$$

令 $y=0$，得 x 轴上的剖面异常计算公式：

$$\Delta g(x)=2f\Delta\lambda D\frac{L}{(x^2+D^2)\sqrt{x^2+D^2+L^2}} \tag{2-4-4}$$

令 $L=\infty$，得到无限延伸水平圆柱体的异常公式：

$$\Delta g(x)=2f\Delta\lambda\frac{D}{x^2+D^2} \tag{2-4-5}$$

垂直于水平圆柱走向的 Δg 剖面曲线[图 2-4-4(a)]仍为一条对称于纵轴的曲线；但在平面图上，Δg 等值线的分布特点则与球体有很大不同，它是由许多疏密不同的不封闭曲线组成的[图 2-4-4(b)]。

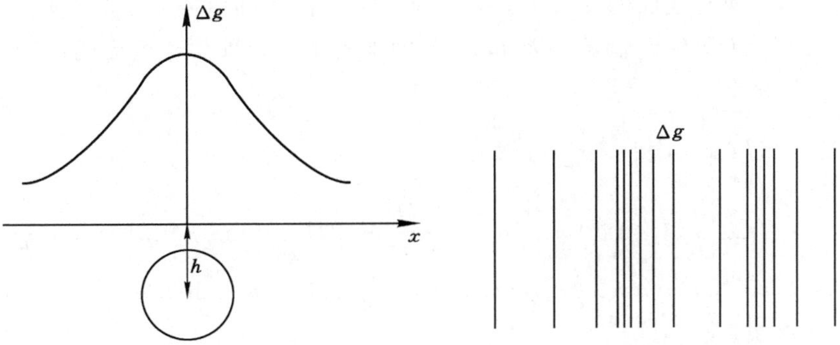

(a) 剖面图　　(b) 平面图

图 2-4-4　一般水平圆柱体的剖面图与平面图

2. 无限长水平圆柱体

如图 2-4-5 所示，无限长水平圆柱体平面异常等值线呈条带状，与圆柱体轴线平行。剖面异常曲线相对于纵轴左右对称，在原点处取得极大值。

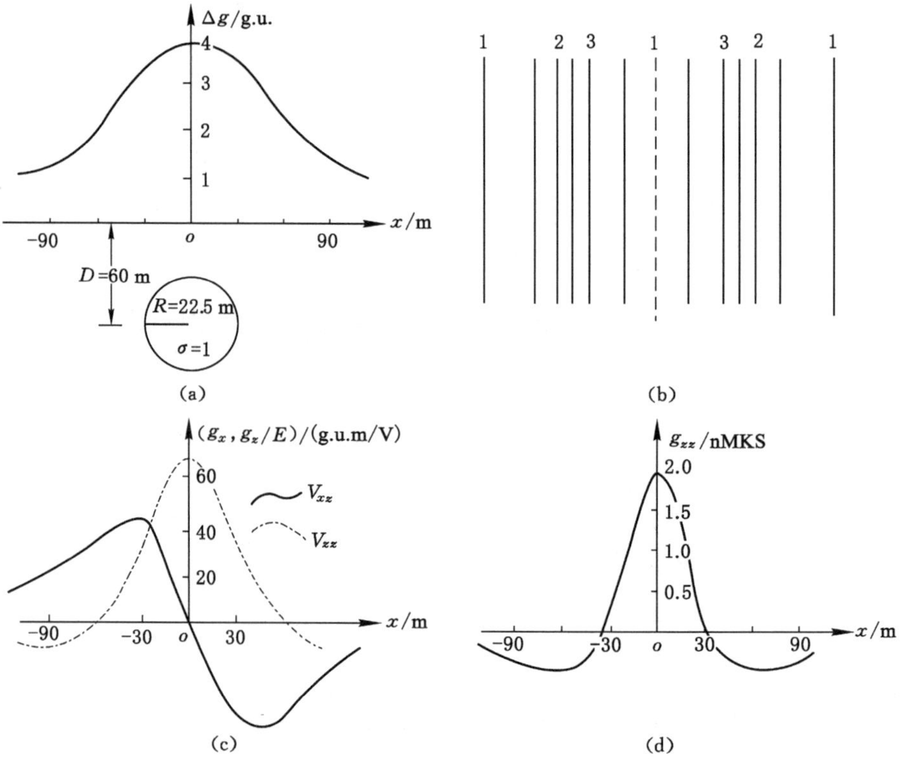

图 2-4-5 无限长水平圆柱体的重力异常理论曲线

［E 指电场强度，单位为 V/m；nMKS 是结合米-千克-秒基本单位与纳级电磁量(如 nT、ns 等)的单位系统］

三、铅垂台阶

图 2-4-6(a)所示的铅垂台阶模型用于模拟一些界线清楚的高角度接触带。把坐标原点选定在台阶铅垂面与地面的交线上，使 x 轴与台阶铅垂面垂直，并且台阶沿 x 轴正方向以及沿 y 轴均为无限延伸。倘若用 h 和 H 分别来表示台阶顶面与底面的深度，那么由二度体基本公式能够得出：

$$\begin{aligned}\Delta g &= 2f\Delta\sigma\int_0^{\infty}\mathrm{d}\xi\int_h^H \frac{\zeta\mathrm{d}\zeta}{(\xi - x)^2 + \zeta^2} \\ &= f\Delta\sigma\left[\pi(H-h) + x\ln\frac{x^2+H^2}{x^2+h^2} + 2H\arctan\frac{x}{H} - 2h\arctan\frac{x}{h}\right]\end{aligned} \tag{2-4-6}$$

由式(2-4-6)可知，当 $x=0$ 时，$\Delta g(0,0)=\pi f\Delta\sigma(H-h)$；当 $x\to+\infty$ 时，由于对数项趋于零比 x 增长更快，故有：

$$\Delta g_{\max} = 2\pi f\Delta\sigma(H-h) \tag{2-4-7}$$

式(2-4-7)也被称为无限平板公式，在同等起伏($H-h$)的情况下，它是各种形体中产生异常的最大可能值。当 $x\to-\infty$ 时，$\Delta g_{\min}\to 0$，其理论曲线如图 2-4-6(a)所示。在平面等值线图中，它是一簇平行于台阶走向的直线，与水平圆柱体不同，这里的等值线一边低而另一边高，且在台阶面附近等值线最为密集，见图 2-4-6(b)。由式(2-4-7)可见，只要($H-h$)

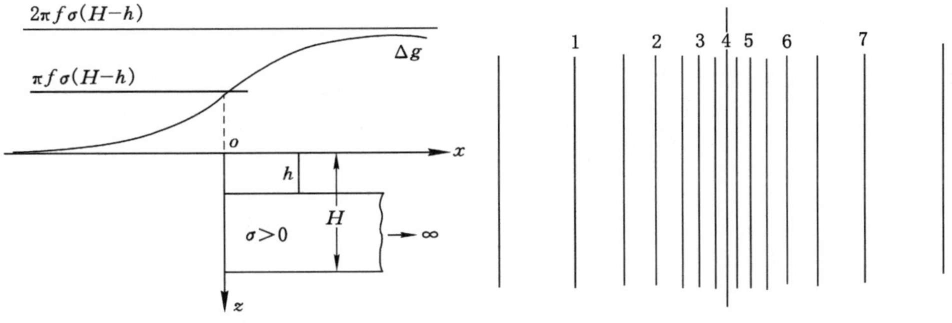

(a) 剖面图　　(b) 平面图

图 2-4-6 铅垂台阶 Δg 剖面与平面等值线图

保持不变,不管台阶的上顶埋深怎样,$\Delta g_{\min}$、$\Delta g(0,0)$和 $\Delta g_{\max}$都不会改变。当埋深改变时,只是曲线的陡缓程度发生变化,通常埋深越深,曲线越平缓;反之,则越陡,如图 2-4-7(a)所示。相应的其他理论公式是:

$$g_x = f\Delta\sigma \ln \frac{H^2+x^2}{h^2+x^2} \tag{2-4-8}$$

$$g_z = 2f\Delta\sigma\left(\arctan\frac{H}{x} - \arctan\frac{h}{x}\right) = 2f\Delta\sigma \arctan\frac{x(H-h)}{x^2+Hh} \tag{2-4-9}$$

$$g_{zz} = 2f\Delta\sigma x\left(\frac{1}{x^2+h^2} - \frac{1}{x^2+H^2}\right) = 2f\Delta\sigma\,\frac{x(H^2-h^2)}{(x^2+H^2)(x^2+h^2)} \tag{2-4-10}$$

对应的理论曲线如图 2-4-7(b)所示。

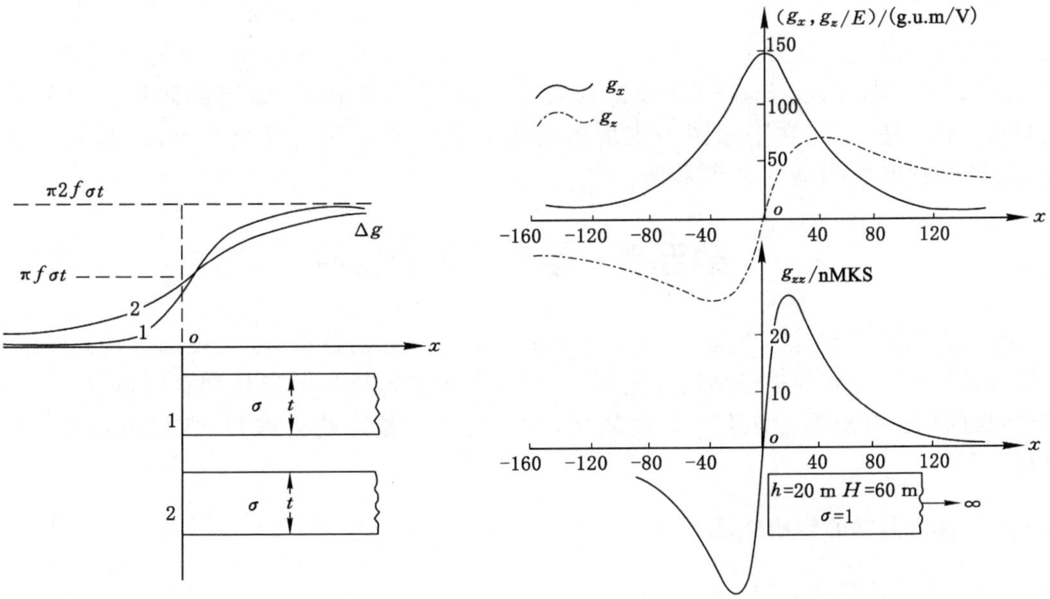

(a) Δg剖面　　(b) 铅垂台阶

图 2-4-7 不同埋深的台阶 Δg 剖面和铅垂台阶

四、断裂构造

断裂构造由上盘和下盘构成，正断层是上盘下降、下盘相对上升，逆断层则相反，是上盘上升、下盘相对下降。在图 2-4-8 中，这种断裂构造能由两个铅垂台阶或两个倾斜台阶组合形成。

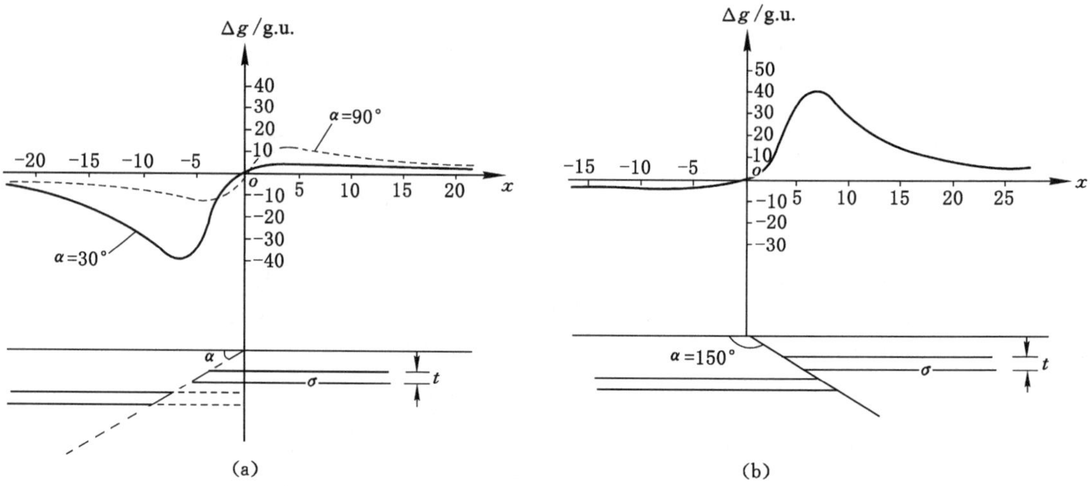

图 2-4-8　断层的 Δg 理论曲线

由于两个台阶叠加，当 x 趋于正负无穷和 $x=0$ 时，重力异常是一个常数 $2\pi f\Delta\sigma\cdot(H-h)=2\pi f\Delta\sigma t$，这个常数在野外测不出来，所以图 2-4-8 中纵坐标把它当作零，展示了三种情况的重力异常变化。其中，对于 $\alpha=90°$ 的垂直正断层，Δg 极大值和极小值绝对值相等，曲线关于原点 o 对称；对于 $\alpha<90°$ 的正断层，下降盘一侧极小值明显；对于 $\alpha>90°$ 的逆断层，上升盘一侧极大值显著。这三种情形下，断层面附近重力异常变化显著，水平梯度大，在平面图中表现为密集的重力异常等值线分布形态，即重力梯级带，这是识别断裂构造的关键标志。

第五节　重力异常的反演

重力异常的反演也称反问题，其含义为依据重力异常的数值、变化规律等场的特征，同时结合已知的地质资料以及地质体的物性参数，来求解地质体的形状和空间位置等。简单来说，反问题就是根据已知的地球物理场，求解可能的地球物理解释，即地下地质结构的过程。

一、重力异常的转换处理

（一）重力异常的叠加

重力异常的叠加是指在一个区域内，多个不同地质体所产生的重力异常相互影响、共同作用的现象。不同的地质体具有不同的形状、大小、密度和空间位置，它们各自产生独特的重力异常。当这些地质体在空间上较为接近时，它们所产生的重力异常就会叠加在一起。

重力异常叠加的结果可能会掩盖目标地质体的特征，给地质解释和分析带来困难。但利用适当的数学方法和模型，可以对叠加的重力异常进行分离和分析，从而获取各个地质体的相关信息。

在重力勘探中，单斜异常与球体异常的叠加是一种常见的情况。单斜异常通常是由倾斜的地层或岩层面引起的，其重力异常特征表现为线性变化。球体异常则是由近似于球形的地质体，如矿球等引起的，具有较为对称的异常特征。比如，原本单斜异常会呈现出较为平稳的线性上升或下降趋势，而加入球体异常后，在特定位置会出现一个局部的峰值或谷值。假设单斜异常是线性下降的，而球体异常在某个位置产生一个正的峰值，叠加后的异常曲线在球体所在位置会在下降趋势中出现一个向上的凸起。再比如，如果球体异常产生的是负的谷值，叠加在上升的单斜异常上时，就会出现一个向下的凹陷。

如图 2-5-1(a)所示，球体的剩余密度 $\Delta\sigma>0$，只有当球体异常的水平梯度大于单斜异常水平梯度时，在球体异常中心附近部位才能形成小的圈闭[图 2-5-1(b)]；当球体的剩余密度 $\Delta\sigma<0$ 时，叠加后的异常等值线向异常升高的一侧扭曲[图 2-5-1(c)]。

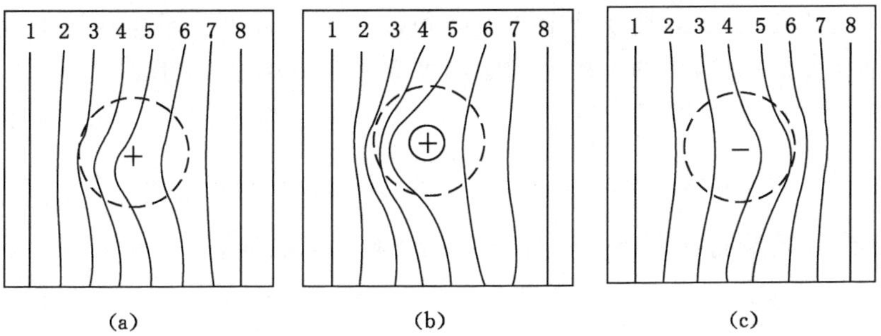

图 2-5-1　球体异常与单斜异常的叠加

（二）区域异常与局部异常

区域异常反映的是深而大的地质体，具有分布范围大、变化平稳且有明显规律的特点。局部异常反映的是浅而小的地质体，其特点是异常范围小、梯度大且变化明显。局部异常叠加在区域背景场上，往往会使区域背景场原来的特征发生严重畸变，但在布格异常图上仍能将局部异常从区域异常中识别出来。比如，布格异常等值线在局部范围内出现向区域背景重力升高方向凸出的现象，说明存在局部重力低，反之则存在局部重力高。

将局部异常从区域异常中划分出来的方法称作区域校正。其实质是按照区域异常的规律和特点，求出各点的区域异常值，再从布格异常值中减去区域异常值得到剩余异常值，并依据剩余异常值绘制局部异常图。

区域异常与局部异常的概念是相对的，随研究任务而定，没有确定的标准。由图 2-5-2 可知，相对异常 A 而言，异常 B 和 C 都可以看成区域异常；而相对 C 而言，A 和 B 又都可以认为是它的局部异常。又如在沉积盆地内研究盖层构造时，盖层构造引起的异常为局部异常，盆地基底起伏同更深、更大范围的地质因素所引起的异常统统视为区域异常；在研究盆地基底起伏时，基底起伏引起的异常就成为局部异常，而更深、更大范围的地质因素（如莫霍面起伏）引起的异常才是区域异常。

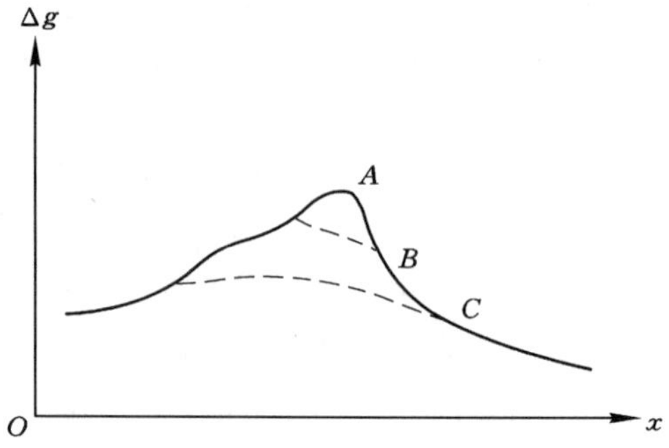

图 2-5-2　区域异常与局部异常

（三）平均场法

平均场法假设区域场在一定范围内是线性变化的，可以用该区域内的平均值近似代替中心点处的区域场值，然后从叠加异常值中减去，得到剩余异常值。平均值法的效果除与参数有关外，根本上取决于实际地质情况与假设条件的吻合程度。平均值法的具体方法有剖面异常的平均值法、平面异常的圆周平均法和平面异常的网格平均法。

(1) 对于剖面异常，可用平均值法（图 2-5-3），用异常偏差值表示剩余异常：

$$\delta g(x)=\Delta g(x)-\frac{\Delta g(x-L)+\Delta g(x+L)}{2} \tag{2-5-1}$$

这种方法近似效果的好坏取决于参数 L 的选择是否合理。

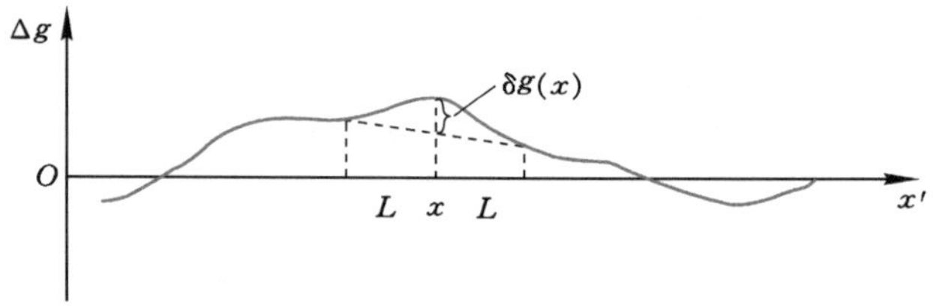

图 2-5-3　剖面异常的平均值法示意图

(2) 对于平面异常，采用圆周平均法求取区域异常（图 2-5-4），偏差值计算公式为：

$$\delta g(0)=\Delta g(0)-\Delta\bar{g}(r)=\Delta g(0)-\frac{1}{n}\sum_{i=1}^{n}\Delta g_i(r) \tag{2-5-2}$$

式中，$\Delta\bar{g}(r)$是半径为 r 的圆周上各点异常值 $\Delta g_i(r)$的平均值。

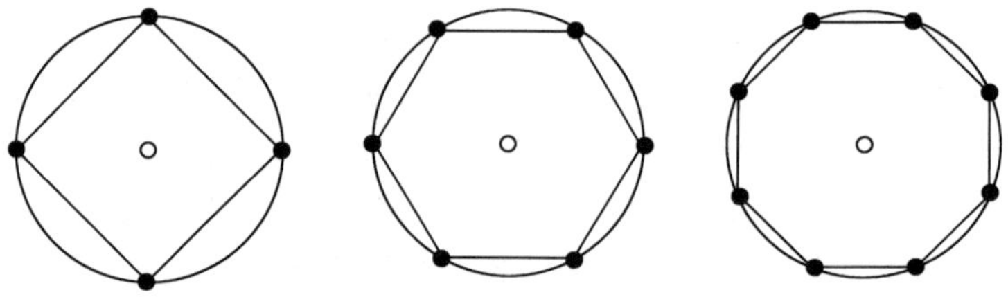

图 2-5-4　平面异常的圆周平均法示意图

(3) 平面异常的网格平均法(图 2-5-5)指将研究区分成几个大的网格，以各网格内的异常平均值作为中心点处的区域异常值，然后用插值法求取其他点上的区域异常值。

局部异常：$\delta g(x,y)=\Delta g(x,y)-\Delta \bar{g}(x,y)$

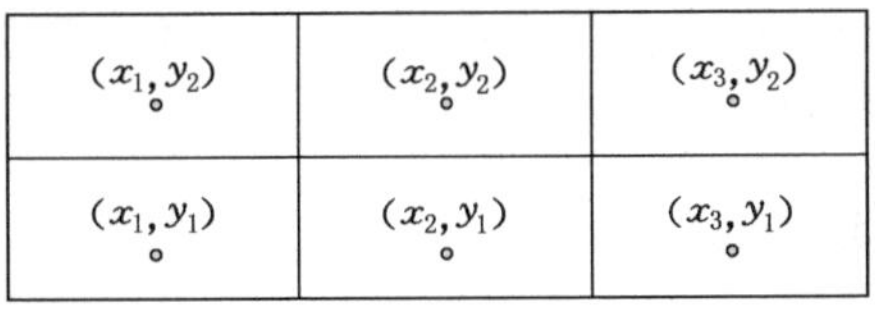

图 2-5-5　平面异常的网格平均法示意图

(四) 趋势分析法

趋势分析法用数学公式(一般是多项式)来描述整个研究区的区域异常，用最小二乘法确定多项式的各个系数，然后代入各点的坐标计算趋势值，用以近似区域异常。对已知异常从低阶到高阶逐次分析，分别与从深到浅的不同地质因素相对应。

选用一个 m 阶(沿测区 x，y 方向是一样的)多项式来描述全测区的区域异常，m 阶多项式的一般形式为：

$$\bar{g}(x,y)=a_0+a_1x+a_2y+a_3x^2+a_4xy+a_5y^2+\cdots+a_{M-1}y^m \tag{2-5-3}$$

式中，$a_0,a_1,\cdots,a_{M-1}$ 为 M 个待定系数。

若多项式的阶数为 m，则 $M=\frac{1}{2}(m+2)(m+1)$，$g(x,y)$为趋势值(区域异常)。显然，一阶方程代表一个平面，二阶方程代表一个二次曲面，高阶方程则表示了一个高阶曲面。

下面以二次曲面拟合区域异常为例来说明趋势分析法的原理。设趋势面为：

$$\bar{g}(x,y)=a_0+a_1x+a_2y+a_3x^2+a_4xy+a_5y^2 \tag{2-5-4}$$

式中，$a_j(j=0,1,2,\cdots,5)$为六个待定系数。

在测区中按一定网格共选取 n 个测点，其坐标为(x_i,y_i)，相应点的布格异常值为 $g_i(i=1,2,\cdots,n)$，要使二次曲面能与重力异常的变化在最小二乘意义下得到最佳拟合，系数 a_j 应满足：

$$\begin{aligned}\Phi(a_j)&=\sum_{i=1}^{n}(\bar{g}_i-g_i)^2\\&=\sum_{i=1}^{n}(a_0+a_1x+a_2y+a_3x^2+a_4xy+a_5y^2-g_i)^2=\min\end{aligned} \tag{2-5-5}$$

根据多元函数求极值法，式(2-5-5)成立的条件是：

$$\frac{\partial \Phi}{\partial a_j}=0(j=0,1,\cdots,5) \tag{2-5-6}$$

于是可以得到一个包含待定系数 a_j 的线性方程组，其矩阵形式为：

$$\boldsymbol{A}^{\mathrm{T}}\boldsymbol{AX}=\boldsymbol{A}^{\mathrm{T}}\boldsymbol{G} \tag{2-5-7}$$

$$\boldsymbol{A}=\begin{bmatrix}1 & x_1 & y_1 & x_1^2 & x_1y_1 & y_1^2\\1 & x_2 & y_2 & x_2^2 & x_2y_2 & y_2^2\\\vdots & \vdots & \vdots & \vdots & \vdots & \vdots\\1 & x_n & y_n & x_n^2 & x_ny_n & y_n^2\end{bmatrix},\boldsymbol{X}=\begin{bmatrix}a_0\\a_1\\a_2\\a_3\\a_4\\a_5\end{bmatrix},\boldsymbol{G}=\begin{bmatrix}g_1\\g_2\\\vdots\\g_n\end{bmatrix} \tag{2-5-8}$$

当 $\det(\mathbf{A}^{\mathrm{T}}\mathbf{A})\neq 0$ 时，可先求得各系数 a_j，再利用式(2-5-5)便可计算出各网格点上的趋势值 $\bar{g}(x_i, y_i)$。在进行趋势分析时，坐标系是固定的，须求出所有待定系数。多项式阶次的选择取决于区域异常的复杂程度，阶次偏高会使趋势值受局部异常的影响偏大，削弱局部异常幅值。对于重力异常的处理，一般地区选 2～3 阶，复杂地区选 4～5 阶。趋势分析法在分场时会出现虚假异常问题，必要时可多次迭代消除。

二、重力异常的反演方法

（一）特征点法

特征点法是一种通过异常曲线上特定的点或特征点（例如极大值点、零值点、拐点）的异常情况以及对应的坐标，来求取场源体几何或物性参数的方法。但该方法具有一定的局限性，仅在剩余密度为常数的几何形体中适用。

1. 水平圆柱体

根据 Δg 异常求解圆柱体中心埋藏深度 D、线密度 λ、半径 R 及顶部埋藏深度 h 的公式分别为：

$$D=\frac{x_{1/n}}{\sqrt{n-1}} \tag{2-5-9}$$

$$\lambda = x_{1/2}\Delta g_{\max}/(2f) \tag{2-5-10}$$

$$R=(0.318\,3\lambda/\sigma)^{1/2} \tag{2-5-11}$$

$$h=D-R \tag{2-5-12}$$

2. 铅垂台阶

根据 Δg 异常求解铅垂台阶厚度($H-h$)的公式为：

$$H-h=\frac{\Delta g_{\max}}{0.419\sigma} \tag{2-5-13}$$

（二）选择法

选择法的原理是，依据实测重力异常在剖面或平面的分布与变化基本特征，结合工区的地质、其他地球物理及物性等资料，先给出引起异常的初始地质体模型，接着进行正演计算。当计算得出的理论异常与实测异常偏差较大时，依据所掌握的场源体资料对模型予以修改，重新计算理论异常，然后再次对比。如此反复操作，直至两种异常的偏差在要求的误差范围以内，此时的理论模型即可代表实际的地质体。目前在计算机上应用较多的是最优化选择法反演，其基本做法如下所述。

设实测异常为 Δg_k，$k=1,2,\cdots,M$，M 是用于计算的异常的点数；地质体模型引起的理论异常用 $\Delta g'_k$ 表示，它是模型体参数和计算点坐标的函数，即

$$\Delta g'_k = f(x_k, y_k, z_k, b_1, b_2, \cdots, b_N) \tag{2-5-14}$$

式中，(x_k, y_k, z_k)为计算点坐标；$b_1, b_2, \cdots, b_N$ 为模型的 N 个几何或物性参数。

判定实测异常与理论异常的符合程度应依据最小二乘原则进行，即让两者偏差的平方和为最小值：

$$\Phi=\sum_{k=1}^{M}[\Delta g_k - f(x_k, y_k, z_k, b_1, b_2, \cdots, b_N)]^2=\min \tag{2-5-15}$$

式中，函数 Φ 称为目标函数。

应在满足式(2-5-15)的条件下求取模型体的参数。求取模型体参数的过程一般需要按照下列步骤迭代计算。

(1) 给模型体赋初值 $b_i^{(0)}$，$i=1,2,\cdots,N$。b 的上标(0)表示第 0 次迭代，即初值。

(2) 根据模型体初值计算理论重力异常 $\Delta g'_k$。

(3) 根据理论重力异常 $\Delta g'_k$ 与实测异常 Δg_k 的差别计算模型体参数的修改量 δb_i，并按下式修改模型：

$$b_i^{(l+1)}=b_i^{(l)}+\delta b_i^{(l)} \qquad (i=1,2,\cdots,N;l=0,1,2,\cdots) \tag{2-5-16}$$

式中，l 为迭代次数；$b_i^{(l)}$ 表示本次迭代的初值；$b_i^{(l+1)}$ 为迭代结果。

(4) 判断计算结果是否满足要求。如果不满足，则重复第(2)、(3)步计算。如果满足，本次迭代结果就是最后得到的 $b_i^{(l+1)}$ 模型参数。

目前应用的最优化方法有阻尼最小二乘法、广义逆矩阵法和共轭梯度法等。

(三) 频率域反演法

在进行重力反演的选择法应用中，计算理论模型的重力异常占据大部分时间，即使采用简单组合模型，每个异常点也要计算和迭代，也需要耗费大量时长，所以提高正演计算速度对反演速度至关重要。

1973 年帕克(Parker)提出重力异常正演计算的频率域快速计算公式，1974 年奥尔登伯格(Oldenburg)据此提出密度界面的迭代反演方法，该方法因采用快速傅里叶变换而使计算速度加快，还利用低通滤波器保证迭代收敛性。

假定在 x-z 直角坐标系中，重力异常用 Δg_k 表示；场源层的上部边界为 $z=0$，下部边界为 $z=h(x)$，这个下部边界显示界面的起伏。场源层必须位于水平测线之下。这是因为剖面的长度总是有限的，为了避免出现收敛性问题，假定这个层在某个有限区 D 外尖灭，即如果 $x\notin D$，$h(x)=0$。实际上，$h(x)$是相对于地面以下深度为 z_0 的某个参考水平面度量的。

函数 $h(x)$的一维傅里叶变换为：

$$F[h(x)]=\int_{-\infty}^{\infty} h(x)\mathrm{e}^{\mathrm{i}kx}\,\mathrm{d}x \tag{2-5-17}$$

式中，k 是变换函数的波数。

根据帕克的二维傅里叶变换公式可得到重力异常的一维傅里叶变换公式：

$$F[\Delta g(x)]=-2\pi f\sigma \mathrm{e}^{-|k|z_0}\sum_{n=1}^{\infty}\frac{|k|^{n-1}}{n!}F[h^n(x)] \tag{2-5-18}$$

式中，σ 为所求地层与下部介质之间的密度差；f 为万有引力常量。

从式(2-5-18)中提出 $n=1$ 的项，并重新排列，得到：

$$F[h(x)]=-\frac{F[\Delta g(x)]\mathrm{e}^{|k|z_0}}{2\pi f\sigma}-\sum_{n=2}^{\infty}\frac{|k|^{n-1}}{n!}F[h^n(x)] \tag{2-5-19}$$

若已知密度差 σ 和参考面深度 z_0，可用式(2-5-19)按以下步骤进行迭代计算：

(1) 给定界面起伏 $h(x)$的初值，例如 $h(x)=0$。

(2) 将 $h(x)$的初值代入式(2-5-17)的右端项，计算右端项的傅里叶变换。

(3) 对该式右端项进行傅里叶反变换，即可得到一次迭代后的界面起伏 $h(x)$。

(4) 判断计算结果是否满足某个收敛标准，或是达到给定的最大迭代次数。如果是，即可停止计算；否则转到第(2)步，以本次迭代结果作为初值，继续迭代计算。

第六节　重力异常的地质解释及应用

一、重力异常的定性解释

（一）异常特征的描述

重力资料的地质解释是指依据异常分布特征、工区地质条件和岩（矿）石物性参数说明异常的地质原因并得出结论，分定性和定量解释两个阶段。定性解释侧重于确定异常原因及粗略判断地质体埋深、产状特征；定量解释是估计地质体形状并定量计算其埋深、大小及产状等。在重力异常平面等值线图上，要观察区域性异常走向等，局部异常要描述弯曲、圈闭等情况，划分小区以便研究；在重力异常剖面图上，要注意异常曲线展布规律、幅值等。

（二）典型局部重力异常的可能解释

由于不同地质因素在重力异常平面等值线图或剖面图上常引起相似异常特征，须结合地质资料和其他物探成果综合解释。常见局部异常与地质因素的对应关系有如下几种。

1. 等轴状重力高

等值线圈闭呈圆形，中心高四周低，有极大值点，对应剩余密度为正的均匀球体等，可能反映囊状等致密金属矿体、中至基性岩浆侵入体、高密度岩层形成的穹窿等地质因素。

2. 等轴状重力低

等值线圈闭呈圆形，中心低四周高，有极小值点，对应剩余密度为负的均匀球体等，可能反映岩丘构造或盆地中岩层加厚地段、酸性岩浆侵入体等地质因素。

3. 条带状重力高（重力高带）

等值线延伸大或闭合呈条带状，中心高两侧低，有极大值线，对应剩余密度为正的水平圆柱体等，可能反映高密度岩性带或金属矿带、中至基性岩浆侵入体形成的岩墙等地质因素。

4. 条带状重力低（重力低带）

等值线延伸大或闭合呈条带状，中心低两侧高，有极小值线，对应剩余密度为负的水平圆柱体等，可能反映低密度岩性带或非金属矿带、酸性岩浆侵入体形成的岩墙等地质因素。

5. 重力梯级带

等值线分布密集，异常值单向单调升降，对应于垂直或倾斜台阶，可能反映垂直或倾斜断层等地质因素。

（三）断裂构造在平面等值线图上的识别

在实测重力异常的平面等值线图中，断裂构造的识别较复杂，其引起的异常特征多样，不仅可以是典型的重力梯级带，还可能是异常等值线突然错动、扭曲、不连续，断裂两侧异常走向和幅值明显变化，有时断裂附近会有局部异常高或低的区域。

二、地球深部构造及地壳结构研究

利用重力资料研究地壳深部构造，主要目标是确定各密度界面（康拉德界面、莫霍面等）的起伏和提供有关地壳活动性的资料。这不仅可以用于研究地壳的演化和大陆与海洋的形成等基础理论问题，而且对划分大地构造单元、分析和预报天然地震的活动性、研究火山活动和各种矿产的成矿规律都具有重要的意义。

所用资料主要是大区域、小比例尺的布格重力异常图和均衡异常图。由于重力反问题的多解性，需要借助较为精确的地震测深资料作为控制材料。

由于大面积计算均衡校正相当烦琐，因此常用自由空气(间)异常代替均衡异常。

大量的实际资料表明，布格重力异常在广阔的地区内与地面高程有良好的相关性，通常在地势高的地区表现为重力低，而在地势低的地区，尤其是海洋区则呈现为重力高。

根据均衡理论，地形海拔越高，地壳越厚，布格重力异常值越低。这表明地表质量的过剩(地形隆起)由地壳深处质量的亏损所补偿。

因此，布格重力异常与地壳厚度(莫霍面深度)和地形起伏有明显的对应关系。

由图 2-6-1 可以看出，布格重力异常的总体趋势与地形起伏呈镜像关系，与莫霍面的起伏呈线性关系。这种现象可由均衡理论进行解释。在地壳基本均衡的状态下，均衡异常(自由空气异常)接近于零，与地形的关系不大。

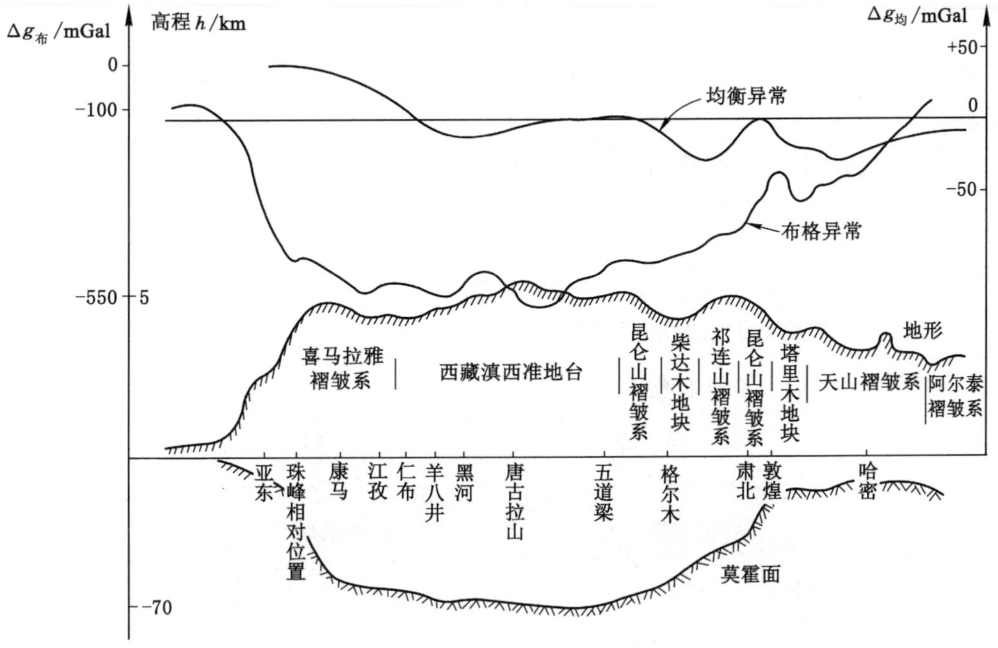

图 2-6-1　喜马拉雅山和青藏高原的重力异常、地壳厚度和地形剖面

统计结果表明，布格重力异常与地壳厚度之间存在相关性，这种关系可以近似地用线性公式表示：

$$H = H_0 - \alpha \cdot \Delta\bar{g} \tag{2-6-1}$$

式中，H 为地壳厚度；$\Delta\bar{g}$ 为异常平均值；H_0 是布格异常平均值为零的地方的地壳厚度；α 为相关系数。

就一个较大的地区而言，布格重力异常与地壳厚度之间的线性关系以及 α 可能都会有所不同。

1980 年，中国地质科学院地球物理地球化学勘查研究所提出了我国的重力异常与地壳厚度相关公式：

$$H = 35.8 - 0.073\Delta g_{(\mathrm{mGal})}(\mathrm{km}) \tag{2-6-2}$$

并应用式(2-6-2)计算了全国的莫霍面深度。

均衡异常的意义为偏离于均衡状态的成分变化和与之有关的构造的反映。均衡异常的存在表示现阶段还没有达到均衡状态,均衡负异常表示地下物质亏损,正异常表示地下物质盈余。地壳均衡的三种模型如图 2-6-2 所示。

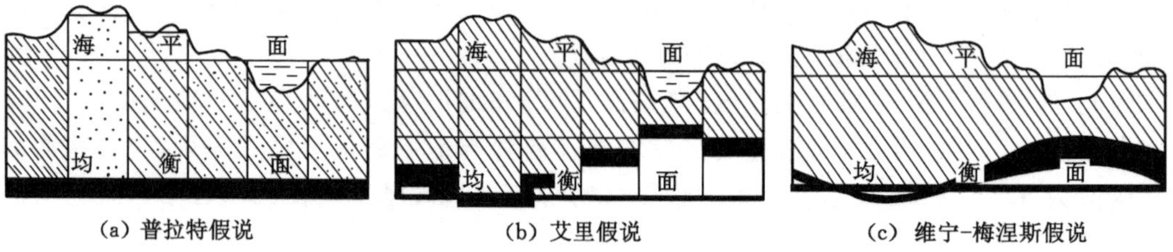

图 2-6-2　地壳均衡的三种模型

研究均衡异常可以了解地壳的物质结构、构造和厚度,还可以了解各地区构造的近期活动情况。

大范围内的均衡异常平均值有 3 种情况:

① 异常近于零,区域补偿近于均衡状态;

② 异常大于零,区域补偿过剩,局部质量偏多;

③ 异常小于零,区域补偿不足,局部质量偏少。

大陆和大洋均衡补偿现象示意图见图 2-6-3。

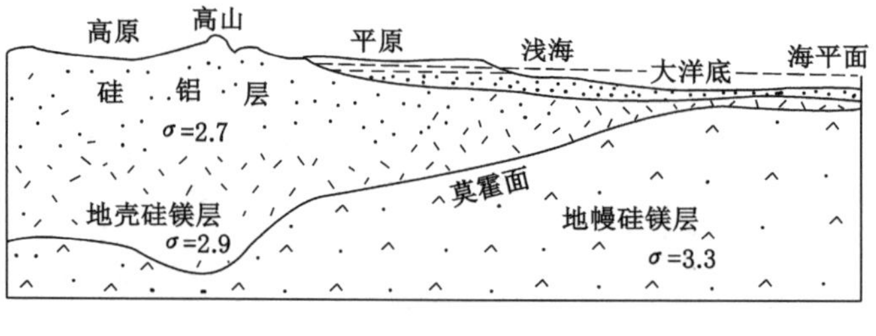

图 2-6-3　大陆和大洋均衡补偿现象示意图

有时在造山带地区也会出现均衡正异常,这是由于地壳下横向的挤压力使较轻的地壳上升;而在深海沟处如出现负均衡异常,则由较轻的岩石圈向下俯冲插入地幔所致。推测喜马拉雅山地区大范围的均衡正异常正是印度板块向北挤压俯冲造成的。

三、划分大地构造单元

大地构造单元是按地壳结构的特点及构造发展史而划分的区域。通常所称一级大地构造单元是指所划分的地台区和地槽区。由于地质特征的不同,它们的重力异常特征也不同。

(一) 地槽区重力异常特征

在典型的地槽区,布格重力异常的主要特点是:有巨大的负异常背景,区域异常等值线多沿一定方向伸展,正负异常呈线性排列,异常幅度较大;异常的趋势常随地形的升高而降低,反映了地壳加厚;局部异常变化剧烈,可能反映岩性和构造的复杂性。康定—雅安一带是过渡带，地形逐渐升高，重力值逐渐降低；其西段地形属于高山区，重力异常值很低并且变化程度较大，显示了地槽区的异常特征。

（二）地台区重力异常特征

在典型的地台区，布格重力异常的主要特点是：异常等值线方向性不明显，其幅度和梯度比较小；在较为平缓的背景上呈现出一些幅度不大、较为开阔、线性分布不明显的次一级异常，这与地台区基底结构和起伏形态以及沉积岩系分布特点有关。地槽区和地台区的重力异常特征图分别见图 2-6-4 和图 2-6-5。

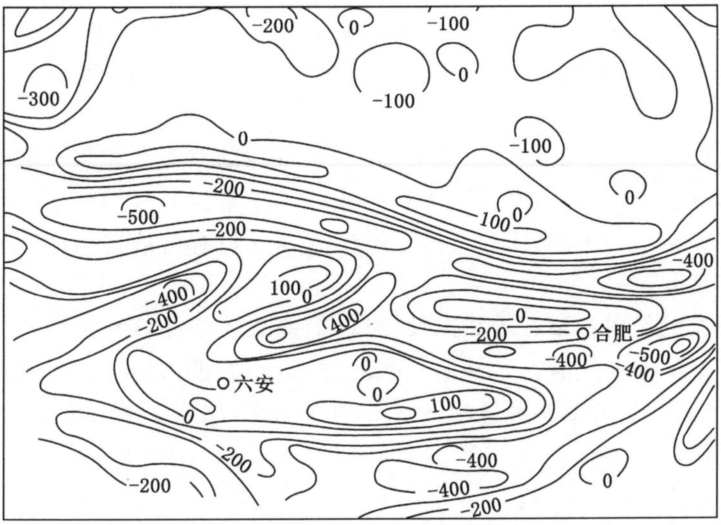

图 2-6-4　地槽区的重力异常特征图(单位：mGal)

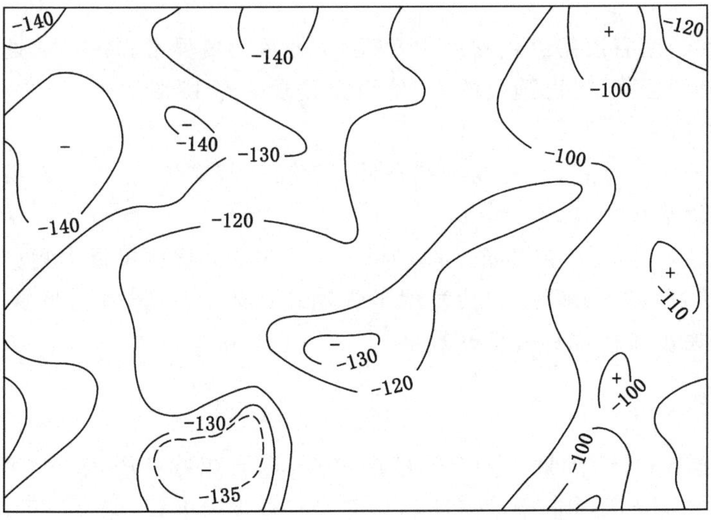

图 2-6-5　地台区的重力异常特征图(单位：mGal)

四、石油和天然气勘探

重力勘探在石油天然气勘探中，通过探测地下构造，为后续的勘探工作指明方向，从而提高勘探的成功率和效率，降低勘探成本，实现油气资源的有效发现和开发。

在我国塔里木盆地的石油天然气勘探中，重力勘探在库车坳陷地区扮演了重要角色。该地区的重力勘探测量数据呈现出显著的异常情况。专业人员通过深入分析和处理这些重力异常数据，结合周边已知地质结构的重力特征以及区域地质资料，判定这一异常很可能由大型的地下构造所导致。

进一步的深入研究揭示，库车坳陷地区的地下岩层在漫长的地质演化历程中，历经了多次强烈的构造运动，进而形成了对油气聚集和储存极为有利的背斜构造以及相关的断层组合。

基于重力勘探所提供的关键线索和方向指引，石油勘探人员在这一区域展开了一系列有针对性的地质调查工作，并精心部署了钻探作业。先是借助详细的地震勘探结果进一步明晰了地下岩层的结构与形态，而后选择在被认为油气最有可能富集的背斜构造的顶部和翼部等位置安排钻井。

经过坚持不懈的努力和艰苦的钻探及测试，最终成功地在该地区发现了多个规模较大且具有商业开采价值的油气藏。这些油气藏的发现，不但极大地增加了我国的油气资源储量，同时为后续在类似复杂地质条件地区开展勘探工作，积累了极为珍贵的经验，提供了极具参考价值的范例。

五、固体矿产勘探

（一）盐矿探测

盐岩作为沉积矿床，常产于特定环境。因其密度低于围岩，当有一定规模时，重力勘探效果良好。

如 1965 年在云南省滇南红色盆地中发现 61 处重力负异常，其中 49 处被解释为由盐岩引起，推算盐岩储量巨大，且已验证的 14 处重力异常中有 13 处见矿。

（二）金属矿勘探

寻找金属矿有两种途径，一是在有利条件下直接寻找矿体，二是研究易赋存金属矿床的岩体或构造来推断矿体位置。

例如，20 世纪 70 年代在吉林省某地，通过 1∶2 500 大比例尺重力测量及剩余重力异常计算，并结合磁法资料综合解释，成功发现了含铜硫铁矿。另外，重力勘探对于寻找磁铁矿附近无磁性的高密度矿体也具有良好效果。

六、工程勘探

20 世纪 90 年代以来，因重力仪观测精度提高，重力测量已应用于工程勘探，主要用于洞穴及溶洞探测。洞穴及其低密度充填物与围岩有较大密度差，能引起可探测的重力异常，所以高精度重力测量可发挥作用。

例如，在柴达木盆地中南部的察尔汗盐湖地区，为探测青藏铁路沿线溶洞分布而进行了高精度重力测量，做出了重力异常平面图（图 2-6-6），虚线表示溶洞平面形状，阴影部分是负异常区,可能是溶洞存在的部位。除铁路路基处 2 个重力负异常外,对 9 个负异常的钻探验证及路基处 3 个负异常的声波探测,都证实了由重力异常推测的溶洞确实存在。

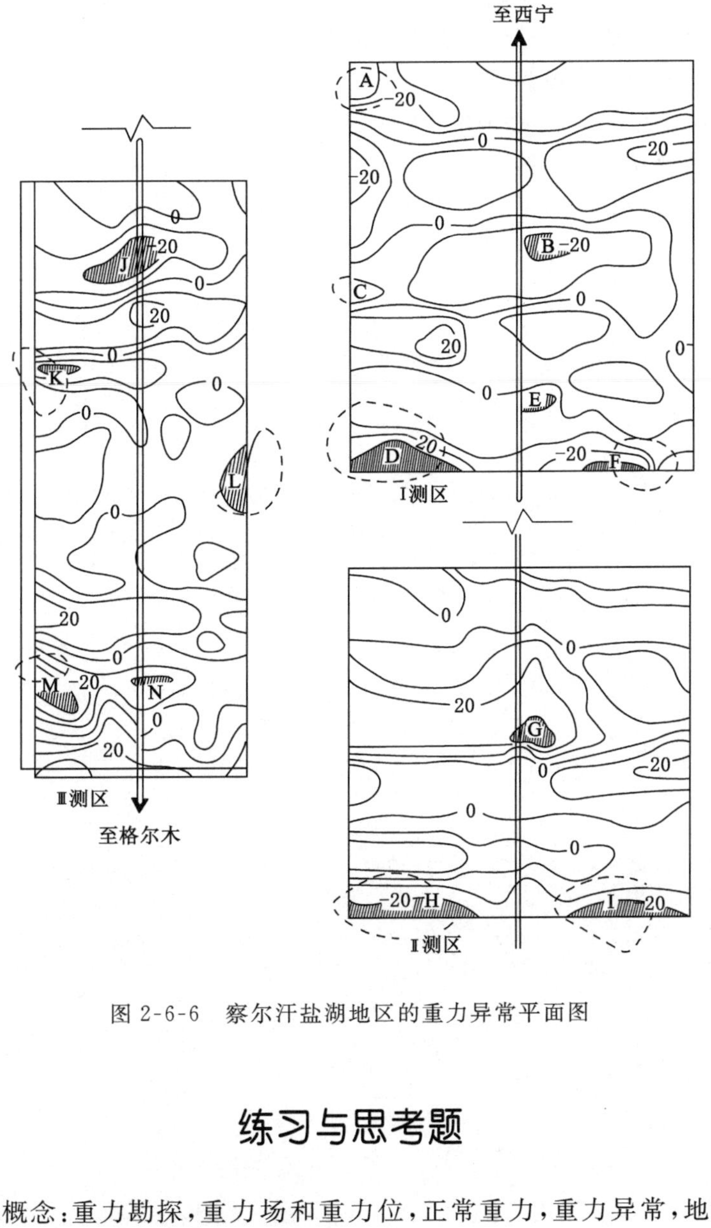

图 2-6-6　察尔汗盐湖地区的重力异常平面图

练习与思考题

1. 解释基本概念:重力勘探,重力场和重力位,正常重力,重力异常,地形改正,中间层改正,高度改正,重力勘探正问题和反问题。

2. 重力场强度与重力加速度有什么关系?

3. 重力测量时的基点如何设置? 设置基点的作用是什么?

4. 在重力勘探中重力的单位是什么? 重力单位在 SI 和 CGS 之间如何换算?

5. 什么是地球的正常重力场? 正常重力场随纬度和高度变化有什么规律?

6. 请解释重力异常的实质。

7. 根据重力异常的影响因素分析重力测量结果的改正措施有哪些。

8. 如何依据重力异常曲线特征进行地质体参数的计算？
9. 岩(矿)石的密度有哪些特征？影响岩(矿)石密度的因素是什么？
10. 在重力勘探工作中如何确定重力测量精度和比例尺？布置测网的原则是什么？
11. 野外重力观测资料整理包括哪几个部分的工作？
12. 为什么地形校正值恒为正？
13. 重力观测结果如何用剖面图和平面图表示？
14. 什么是区域异常和局部异常？如何说明它们的相对性？
15. 划分区域与局部重力场有哪些方法？它们的原理是什么？在实际中如何使用？

第三章 磁法勘探

磁法勘探是一种基于研究对象和围岩之间磁性性质差异，通过对天然地磁场的空间与时间分布规律进行观测和研究，从而寻找有用矿产、查明地下地质构造以及解决工程和环境等问题的地球物理勘探方法。

磁法勘探是应用最早的一种地球物理勘探方法，其历史可追溯至1640年，当时瑞典人首次尝试利用罗盘探测磁铁矿，开辟了利用磁场变化来寻找矿产的新途径。19世纪30年代，高斯建立了地磁场的球谐分析方法，论证了关于地磁场起源于地球本身的推断，奠定了地磁场分析的理论基础。直至1870年，瑞典科学家泰朗(Thalen)和铁贝尔(Tiberg)发明了万能磁力仪，磁法勘探才正式成为一种独立的地球物理勘探方法。随后，1915年阿道夫·施密特(Adolf Schmidt)发明了刃口式垂直磁秤，从此，磁法勘探在寻找磁铁矿、界定磁性岩体、分析地质构造以及勘探油气等领域得到了广泛应用。

我国的磁法勘探工作始于1930年，当时在云南寻找磁铁矿，中华人民共和国成立前基本处于试验阶段。中华人民共和国成立后，才真正开启大面积的磁测工作。如今，1∶20万、1∶5万的航磁图已覆盖全国，成为重要的基础地质资料。

在1936年，苏联科学家罗加乔夫成功研制了感应式航空磁力仪，这一成就极大地提高了磁测速度，并扩大了磁测范围，标志着磁法勘探进入了一个新的阶段。磁法勘探这门课程最先由苏联开设，1940年罗加乔夫出版了第一本《磁法勘探教程》。在西方国家，磁法勘探通常被视为应用地球物理学的一部分内容。随后，20世纪50—60年代，苏联和美国相继将质子旋进磁力仪移装于船上，开展了海洋磁测。在海洋磁测和古地磁学研究成果的支持下，引入了大陆漂移学说，发展了海底扩张学说和板块学说，这极大地推动了地球科学的变革与发展。

随着现代科技发展，磁法勘探仪器从机械式磁力仪发展到质子旋进磁力仪、光泵磁力仪和超导磁力仪，精度不断提高，还能装载进人造卫星中遥测。磁法勘探能在空中、海洋、井中、地面进行不同分量和参量的磁测，如磁力梯度测量。磁法勘探在地球基础科学及资源、工作环境、城市工程等领域可发挥重要作用。

就工作环境而言，磁法勘探可划分为地面磁测、航空磁测、海洋磁测以及井中磁测这四类。地面磁测是在航空磁测资料的基础上开展更为详尽的磁测工作，以判别引发磁异常的地质成因以及磁性体的赋存形态。航空磁测具备测量速度快、效率高的特点，被广泛运用于区域地质调查、储油气构造与含煤构造勘查、成矿远景预测等领域。海洋磁测属于综合性海洋地质调查的构成部分，其作用在于寻找滨海砂矿并为海底工程(如寻找沉船，敷设电缆、管道等)提供服务。井中磁测是地面磁测向地下的延展，主要用于划分磁性岩层、寻找盲矿等，其资料对地面磁测可起到印证和补充的作用。

第一节　地磁场的基础知识

一、地磁场的起源

地球周围存在地磁场，有 N(北极)、S(南极)两极，磁力线方向由南极到北极。人们对地磁场的成因做过各种各样的探讨，创立了众多的假设，但至今尚未有令人满意的结果。

地磁场的球谐分析理论表明，地磁场源在地球内部，具有稳定的空间磁偶极特征。在漫长的地质历史中，磁偶极磁场多次反向，且正、反极性概率相等，这些是地磁场起源理论需要解释的主要现象。

随着对地球内部结构和物质组成认识的深化，发现液体外核铁镍的高导电性能为物质运动和磁场相互作用维持地磁场提供了有利条件。基于地磁场长期变化的西向漂移现象研究成果，20 世纪 40—50 年代发展出发电机理论，起初其不能解释地磁场反向，后来的非稳定的发电机理论可以解释，提高了发电机理论的声誉。

地球内部的三个圈层(地核、地幔、地壳)物质组成差别很大，运动速度各不相同，会产生摩擦生电，由电磁理论，电能变成磁，形成了现在的地磁场，并且由于各层运动速度的改变，地磁场也在不停地变化。

20 世纪 30—50 年代，人们提出并不断验证了自激发电机效应的假说。该假说认为：① 液态地核因温差等产生涡旋运动使地核导电；② 地球自转产生的微弱初始磁场可引起再生效应；③ 地核电流体形成的场能再生磁场并增强原磁场，地核电流体持续运动产生自激发电机效应，使磁场稳定并形成地球基本磁场。这种假说能满意地定性解释地磁偶极子场和非偶极子场的起源以及地球磁轴倒转等现象，被认为是极可取的地磁场成因理论之一，但仍存在一定问题并有待进一步研究。

二、地磁要素

我们将一个磁针通过其重心进行悬挂，让它能够自由转动。此时会发现，当磁针静止时，不但会指向特定的方位，还会倾斜一定角度。磁针在空间所指的方向，正是其重心所在位置地磁场的方向。

为了对地磁场展开研究，我们把观测点当作坐标原点构建了一个直角坐标系。其中，x 轴朝地理北，y 轴朝地理东，z 轴铅直向下。观测点处地磁场强度 $\boldsymbol{T}$ 在 x、y、z 轴上有北向分量 $\boldsymbol{X}$、东向分量 $\boldsymbol{Y}$ 和垂直分量 $\boldsymbol{Z}$。$\boldsymbol{T}$ 在 xOy 平面的分量 $\boldsymbol{H}$ 称水平分量，$\boldsymbol{H}$ 指向磁北，其延长线为磁子午线。规定各分量与坐标轴正方向一致为正，反之为负。磁子午线与地理子午线夹角为磁偏角 D，$\boldsymbol{H}$ 偏东 D 为正，反之 D 为负。$\boldsymbol{T}$ 与 xOy 平面夹角为磁倾角 I，$\boldsymbol{T}$ 下倾 I 为正，反之 I 为负。I、D、$\boldsymbol{X}$、$\boldsymbol{Y}$、$\boldsymbol{Z}$、$\boldsymbol{H}$ 和 $\boldsymbol{T}$ 能体现地磁场大小和方向，被称为地磁要素，由图 3-1-1 可知它们有特定关系。

$$\begin{cases}\boldsymbol{X}=\boldsymbol{H}\cos D, \boldsymbol{Y}=\boldsymbol{H}\sin D, \tan D=\boldsymbol{Y}/\boldsymbol{X} \\ \boldsymbol{H}=\boldsymbol{T}\cos I, \boldsymbol{Z}=\boldsymbol{T}\sin I, \tan I=\boldsymbol{Z}/\boldsymbol{H} \\ \boldsymbol{H}^2=\boldsymbol{X}^2+\boldsymbol{Y}^2, \boldsymbol{T}^2=\boldsymbol{X}^2+\boldsymbol{Y}^2+\boldsymbol{Z}^2\end{cases} \tag{3-1-1}$$

在地磁绝对测量中，通常测定 I、D、$\boldsymbol{H}$ 三要素的绝对值，磁法勘探则是测定与研究 $\boldsymbol{T}$ 的相对值。

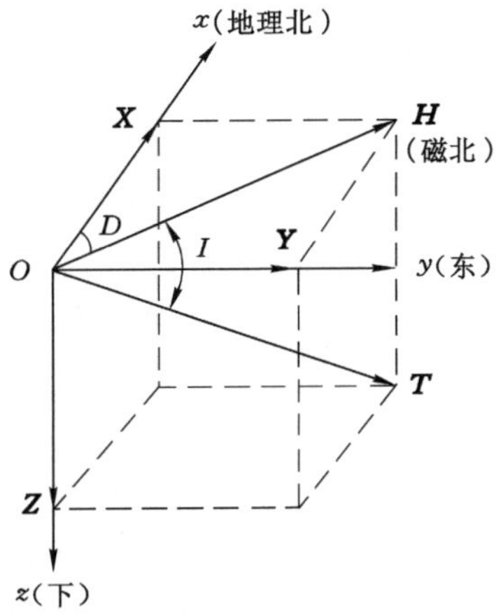

图 3-1-1　地磁要素

三、地磁场的分类

地磁场指的是存在于地球周围且具有磁力作用的空间。它由三部分构成，分别是基本磁场、变化磁场以及磁异常。

(一) 基本磁场

基本磁场占据了地磁场的绝大部分，比例超过 99%。它主要源于地核内电流的对流，是一种由偶极子场和非偶极子场构成的内源磁场。尽管基本磁场总体相对稳定，然而还是存在着极为缓慢的变化。

1. 非偶极子磁场

我们从世界地磁图中剔除约占基本磁场 80% 的偶极子磁场，从而获得非偶极子磁场。这种磁场围绕若干个中心分布，每个中心都具有各自的正负磁极，而且分布的范围都相当广阔。

2. 地磁场的长期变化

基本磁场随时间缓慢变化称为地磁场的长期变化，磁偏角、磁倾角和地磁场强度都有长期变化。据伦敦、巴黎和罗马的资料，磁偏角变化周期约为 500 年，偶极子磁矩每年有细微变化。长期变化的显著特征是地磁要素“西向漂移”，偶极子场和非偶极子场都有此现象，偶极子磁矩衰减和非偶极子场西向漂移具有全球性。

(二) 变化磁场

地球的变化磁场源自外部并叠加于主磁场上，包含短期地磁变化现象，主要分为两类。一类是有连续规律、特定周期的平静变化，源于电离层电流体系周期性转变；另一类是随机短暂、复杂难测的扰动变化，由磁层结构、电离层电流体系变动和太阳辐射改变等导致。

1. 平静变化

平静变化包括太阳静日变化和太阴日变化。

太阳静日变化以太阳日为周期，白昼幅度大于夜晚，夏季幅度高于冬季，幅度为数纳特至数十纳特(图 3-1-2)，随纬度分布有规律性。

太阴日变化以约 25 h 的地方太阴日为周期，其变化的半周期为半个太阴日，幅度很微弱，磁测时归入太阳静日变化，不再单独考虑。

2. 扰动变化

扰动变化包含磁扰(磁暴)和地磁脉动。

磁扰是地磁场不规则的突发变化，强度大的叫磁暴，有全球性影响，磁暴出现时，地磁场的水平分量强度骤增，能持续数日，幅度达数百至上千纳特。图 3-1-3 中展示了某地一条记录磁暴的曲线。

地磁脉动是短周期地磁扰动，周期通常为 0.2～100 s，振幅为 0.01～10 nT，研究它可推测地壳上部电导率状况，有助于解决部分地质或地球物理问题。

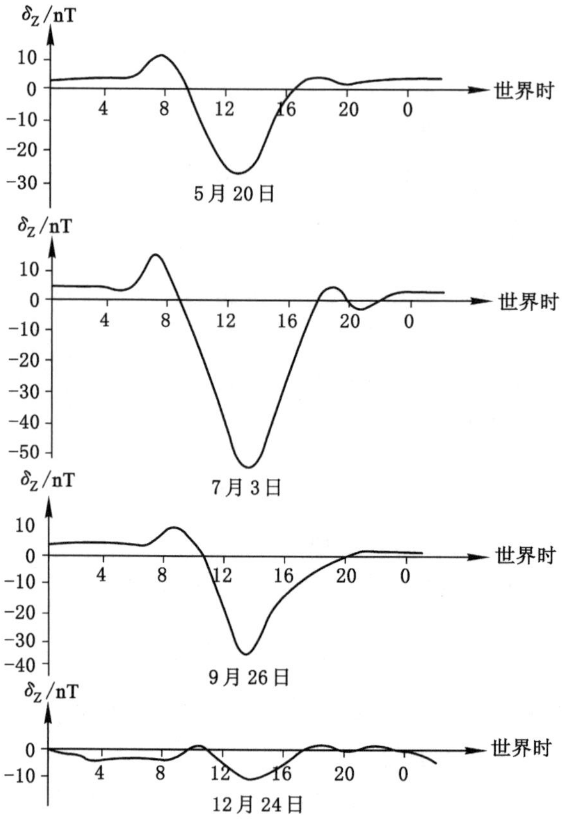

图 3-1-2　我国南方某城市不同季节的太阳静日变曲线

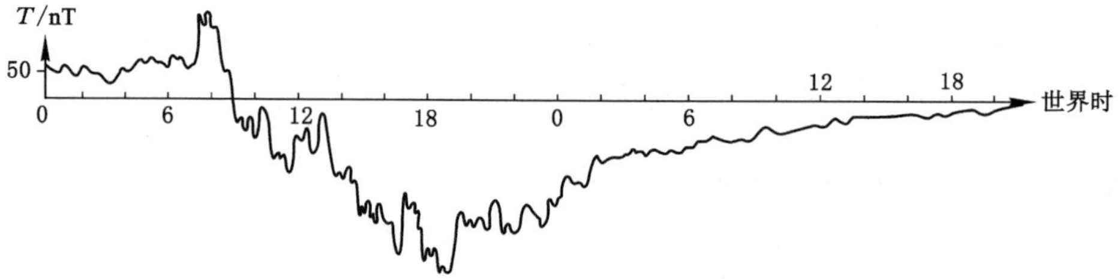

图 3-1-3　1959 年 7 月 14 日某地磁暴曲线

（三）磁异常

实践表明，磁异常是指排除掉各类短期变化的磁场后，实测的地磁场与正常磁场之间的差异异常。磁异常是地下岩石、矿体或地质构造被地磁场磁化后，在周边形成并叠加在地磁场上的次生磁场，是内源磁场里很小的一部分。磁异常分两种，分布广的深部磁性岩层或区域地质构造导致的是区域异常，分布小的浅部磁性岩石、矿体或地质构造引起的是局部异常。

在磁法勘探中，磁异常和正常磁场的概念是相对的，具体界定取决于待处理的地质问题和勘探对象。比如地质填图时，若要在磁性岩层中找非磁性岩层，磁性岩层的磁场就是正常磁场，其减弱部分是磁异常；若要在非磁性岩层中找磁性岩层，正常磁场和磁异常的定义就相反。再如在磁性岩层找磁铁矿，磁性岩层的磁场是正常磁场，与矿体对应的磁场增强部分是磁异常。

总磁场异常指的是在磁法勘探中所观测到的总磁场的相对变化量 $\Delta \boldsymbol{T}$，其表达式如下：

$$\Delta \boldsymbol{T} = \boldsymbol{T} - \boldsymbol{T}_0 \tag{3-1-2}$$

式中，$\boldsymbol{T}$ 和 $\boldsymbol{T}_0$ 分别为实测场和正常场的总磁场强度值。

通过井中磁测可以同时测定磁异常的三个分量 $\boldsymbol{H}_{ax}$、$\boldsymbol{H}_{ay}$ 和 $\boldsymbol{H}_{az}$，然后由它们合成总磁异常 $\boldsymbol{T}_a$（更多内容详见本章第四节）。

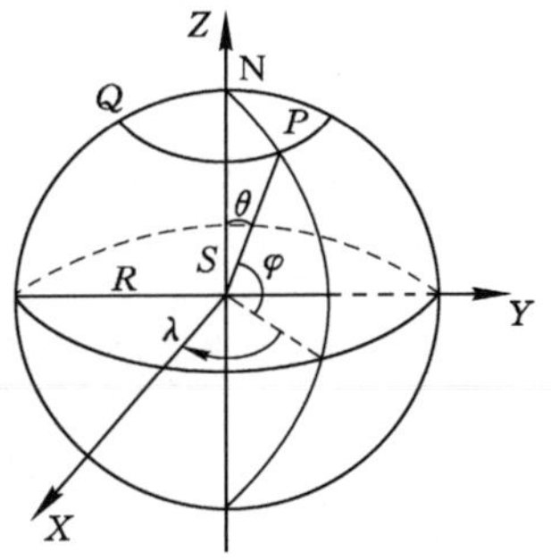

图 3-1-4 球极坐标系

四、地磁场的解析表示

19 世纪 30 年代，高斯提出球谐分析方法，这是展现全球地磁场分布及长期变化、区分外源场和内源场的数学手段。假设地球是均匀磁化、半径为 R 的球体，采用球极坐标系（图 3-1-4），以球心为原点，球外点 P 有地心距 r、余纬度 θ 和经度 λ，在磁场源区外的空间域坐标系（r,θ,λ）中，磁位 u 的拉普拉斯方程有如下特定形式：

$$\frac{1}{r^2}\frac{\partial}{\partial r}\left(r^2\frac{\partial u}{\partial r}\right)+\frac{1}{r^2\sin\theta}\frac{\partial}{\partial\theta}\left(\sin\theta\frac{\partial u}{\partial\theta}\right)+\frac{1}{r^2\sin\theta}\frac{\partial^2 u}{\partial\lambda^2}=0 \tag{3-1-3}$$

对式(3-1-3)运用分离变量法，令 $u(r,\theta,\lambda)=R(r)\cdot\Theta(\theta)\cdot\Phi(\lambda)$，就能解得拉普拉斯方程的一般解，得到的磁位球谐表达式为：

$$u=\sum_{n=1}^{\infty}\cdot\sum_{m=0}^{n}\frac{1}{r^{n+1}}\cdot\left[A_n^m\cos(m\lambda)+B_n^m\sin(m\lambda)\right]\overline{p_n^m}\cos\theta \tag{3-1-4}$$

式中，$\overline{p_n^m}\cos\theta$ 为施密特准归一化的勒让德函数；A_n^m、B_n^m 为内源场磁位的球谐级数系数。

对式(3-1-4)计算其沿轴向的微商，就能够得出相应的 3 个轴向磁场强度的分量。而地磁场感应强度的北向水平分量 $\boldsymbol{X}$、东向水平分量 $\boldsymbol{Y}$、垂直分量 $\boldsymbol{Z}$ 的数值形式如下（注：定义 x 轴指北为正，z 轴向下为正）：

$$\begin{cases}X=\sum\limits_{n=1}^{N}\cdot\sum\limits_{m=0}^{n}\left(\dfrac{R}{r}\right)^{n+2}\cdot\left[g_n^m\cos(m\lambda)+h_n^m\sin(m\lambda)\right]\dfrac{\mathrm{d}}{\mathrm{d}\theta}\overline{p_n^m}\cos\theta\\ Y=\sum\limits_{n=1}^{N}\cdot\sum\limits_{m=0}^{n}\left(\dfrac{R}{r}\right)^{n+2}\cdot\dfrac{m}{\sin\theta}\left[g_n^m\sin(m\lambda)-h_n^m\cos(m\lambda)\right]\dfrac{\mathrm{d}}{\mathrm{d}\theta}\overline{p_n^m}\cos\theta\\ Z=-\sum\limits_{n=1}^{N}\cdot\sum\limits_{m=0}^{n}(n+1)\left(\dfrac{R}{r}\right)^{n+2}\cdot\left[g_n^m\cos(m\lambda)+h_n^m\sin(m\lambda)\right]\overline{p_n^m}\cos\theta\end{cases} \tag{3-1-5}$$

式中，R 是国际参考球半径，即地球平均半径，$R=6\ 371.2$ km；$\theta=90°-\varphi$；λ 是由格林尼治向东起算的 P 点地理经度；g_n^m、h_n^m 是 n 阶 m 次高斯球谐系数（单位为 nT）；N 是 n 阶 m 次截断阶值，球谐系数总数 $S=(N+3)N$。

式(3-1-5)是地球磁场的高斯球谐表达式，已知球谐系数和某点地理坐标纬度，用此式能计算地球表面($r=R$)和外部($r>R$)任意一点的地磁要素三分量，通过相关关系式能求出其他要素值。

总强度值 $T=\sqrt{X^2+Y^2+Z^2}$；磁偏角 $D=\arctan\dfrac{Y}{X}$；

水平强度值 $H=\sqrt{X^2+Y^2}$；磁倾角 $I=\arctan\dfrac{Z}{H}$。

利用式(3-1-5)，由已知通化后的磁场值建立方程并用最小二乘法可以得出球谐系数 g_n^m 和 h_n^m。若有地磁场长期变化值，则能求年变率球谐系数，单位为 nT/a，从而计算校正后的地磁要素值。有了高斯球谐表达式，能推出地磁场三分量的正常梯度场，比如垂直分量 $\dfrac{\partial Z}{\partial r}$、$\dfrac{1}{r}\dfrac{\partial Z}{\partial \theta}$及$\dfrac{1}{r\sin\theta}\dfrac{\partial Z}{\partial \lambda}$，还可以根据球谐系数和坐标算出梯度值。

对于地心偶极子的正常梯度场，存在沿子午线方向的梯度场：

$$\begin{cases}\dfrac{\partial H}{\partial x}=\dfrac{\partial H}{R\partial\varphi}=\dfrac{-\mu_0 m}{4\pi R^4}\sin\varphi=-\dfrac{Z}{2R}\\[2ex] \dfrac{\partial Z}{\partial x}=\dfrac{\partial H}{R\partial\varphi}=\dfrac{2\mu_0 m}{4\pi R^4}\cos\varphi=\dfrac{2H}{R}\\[2ex] \dfrac{\partial T}{\partial x}=\dfrac{\partial T}{R\partial\varphi}=\dfrac{3ZH}{2RT}\end{cases} \tag{3-1-6}$$

沿高度方向的梯度场：

$$\begin{cases}\left.\dfrac{\partial H}{\partial r}\right|_{r=R}=-\dfrac{3\mu_0 m}{4\pi R^4}\cos\varphi=-\dfrac{3H}{R}\\[2ex] \left.\dfrac{\partial Z}{\partial r}\right|_{r=R}=-\dfrac{6\mu_0 m}{4\pi R^4}\sin\varphi=-\dfrac{3Z}{R}\\[2ex] \dfrac{\partial T}{\partial r}=\dfrac{-3\mu_0 m}{4\pi R^4}(1+3\sin^2\varphi)^{1/2}=-\dfrac{3T}{R}\end{cases} \tag{3-1-7}$$

式中，μ_0 是真空磁导率（$\mu_0=4\pi\times10^{-7}$ H/m）。

第二节　岩(矿)石的磁性

地壳中的岩石和矿体自形成时就在地球磁场影响下有了不同程度的磁性，这种磁性差别导致地表出现磁异常。深入研究岩石磁性，关键是弄懂岩石和矿物磁化原理、磁性特征及影响因素。所得研究成果对处理基础地质问题，如区域地层对比、构造划分等，有重要应用价值和意义。

一、表征物质磁性的物理量

（一）磁化强度和磁化率

当均匀无限磁介质受外部磁场 H 作用时，用磁化强度 M 衡量物质磁化程度，其与磁场强度的关系为：

$$M=\kappa H \tag{3-2-1}$$

式中，κ 是磁化率，表征物质受磁化的难易程度，量纲为 1。

（二）磁感应强度和磁导率

在各向同性磁介质内部任意点上，磁化场（场强为 H）在该点产生的磁感应强度（磁通密度)为：

$$B = \mu H \tag{3-2-2}$$

式中，B 以 T[特(斯拉)]为单位；μ 是介质的磁导率，单位为 H/m[亨(利)/米]；H 以 A/m(安/米)为单位。

若介质为真空，则有：

$$B = \mu_0 H \tag{3-2-3}$$

式中，μ_0 是真空磁导率，$\mu_0 = 4\pi \times 10^{-7}$ H/m。

令 $\mu_r = \mu/\mu_0$(相对磁导率)，$\kappa = \mu_r - 1$，由式(3-2-2)和式(3-2-3)可得：

$$B = \mu_0 \mu_r H = \mu_0 H + \mu_0(\mu_r - 1)H = \mu_0(1+\kappa)H = \mu_0(H+M) \tag{3-2-4}$$

式(3-2-4)表示物质磁性与外磁场的关系。显然，在同一外磁场 H 作用下，空间为磁介质充填与空间为真空相比，B 增加了 κH 项，这是介质磁化产生的附加场，其大小与介质的磁化率成正比。磁介质的 $\mu_r = 1+\kappa$ 是一个纯量。μ 与 μ_0 之间的关系为：

$$\mu = \mu_0(1+\kappa) \tag{3-2-5}$$

(三) 感应磁化强度和剩余磁化强度

岩石圈中的地质体在约 0.5×10^{-4} T 的地球磁场作用下，受现代地磁场的磁化具有的磁化强度叫感应磁化强度(M_i)，其表达式为：

$$M_i = \kappa (T/\mu_0) \tag{3-2-6}$$

式中，T 是地磁场总强度(磁感应强度)；κ 是岩石、矿石的磁化率，取决于岩石、矿石的性质。

岩石、矿石在生成时，受当时的地磁场磁化，成岩后保留下来的磁化强度，称作天然剩余磁化强度 M_r。

岩石的总磁化强度 M 由两部分组成，即

$$M = M_i + M_r = \kappa(T/\mu_0) + M_r \tag{3-2-7}$$

磁法勘探中，表征岩石磁性的物理量是 $\kappa(M_i)$、M_r 及 M。

二、矿物磁性分类及特征概述

(一) 磁性概念

任何物质的磁性根源是带电粒子运动。原子由带正电的原子核和外围电子壳层组成，电子绕核运动，具有轨道磁矩，自身做自旋运动，有自旋磁矩，磁矩大小与动量矩成正比，原子核虽有磁矩但数值很小。所以原子总磁矩是电子轨道磁矩、自旋磁矩和原子核自旋磁矩的矢量和。各类物质原子结构不同，在外磁场作用下会呈现出不同的宏观磁性特征。

1. 抗磁性(逆磁性)

外磁场 H 作用时，此类物质磁化率为负值且极小。抗磁性物质无固有原子磁矩，外磁场使电子轨道旋进产生与外磁场相反的附加磁矩，形成抗磁性，如图 3-2-1 所示。

经推导证实，抗磁性物质的磁化率为：

$$\kappa = -\frac{\mu_0}{4\pi} \cdot \frac{Ne^2}{6m_e} \sum_{i=1}^{Z} \overline{r}_i^2 \tag{3-2-8}$$

式中，μ_0 为真空磁导率；N 为单位体积物质的原子数；e 为元电荷；m_e 为电子静质量；Z 为每个原子中的电子数；$\overline{r}_i^2$ 为电子轨道半径的均方值。

抗磁性物质的磁化率约处于 10^{-5} 这一数量级。

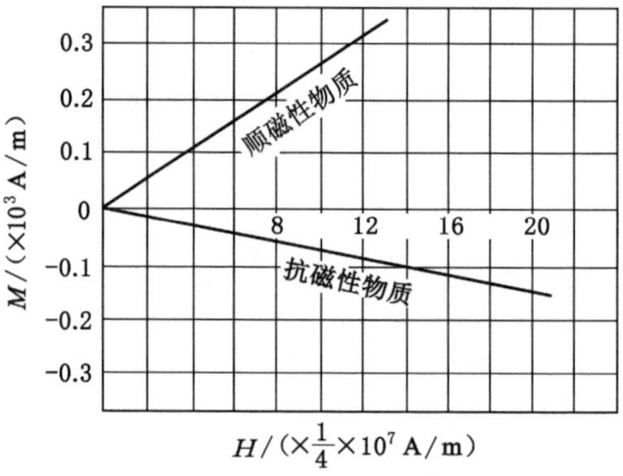

图 3-2-1　抗磁性与顺磁性物质的磁化

2. 顺磁性

如图 3-2-1 所示,顺磁性物质受外磁场作用时,磁化率为不大的正值。这类物质的原子有固有磁矩,无外磁场时热运动使原子磁矩取向杂乱,有外磁场时原子磁矩(主要是电子自旋磁矩)沿外磁场方向有序排列,从而呈现顺磁性特质。

可以证明,顺磁性物质的磁化率表现为:

$$\kappa = \frac{\mu_0}{4\pi} \cdot \frac{N \cdot \mu_a^2}{3kT} = \frac{C}{T} \tag{3-2-9}$$

式中,μ_a 是原子磁矩;N 是单位体积物质的原子数;k 是玻尔兹曼常数;C 为居里常数;T 是热力学温度。

最初,居里通过实验明确上述关系,居里定律表明顺磁性物质磁化率与绝对温度成反比,此发现为测磁化率并确定原子磁矩开辟了重要途径。

3. 铁磁性

在弱外磁场的影响下,铁磁性物质能很快磁化饱和,磁化率远远超过抗磁性与顺磁性物质,有以下特性:

磁化强度和磁化场之间呈现非线性关系,存在磁滞回线,磁化强度的变化不可逆。磁化率和温度遵循居里-魏斯定律,即

$$\kappa = \frac{C}{T - T_c} \tag{3-2-10}$$

式中,C 是居里常数;T 是热力学温度;T_c 是居里温度。

当 T 大于 T_c 时,铁磁性消失并变为顺磁性。一般铁磁体的 T_c 较高,低温环境下,某些稀土元素也有铁磁性。

电子自旋磁矩是铁磁性物质的基本磁矩,铁磁性物质内部有磁畴。无外磁场时,磁畴磁化强度矢量取向混乱,不显示磁性;有外磁场时,磁畴结构变化展现宏观磁性。因磁畴内原子相互作用不同,铁磁性分铁磁性、反铁磁性和亚铁磁性三种。① 铁磁性:如铁、钴、镍等,磁畴内原子磁矩同向排列。② 反铁磁性的磁畴中原子磁矩反向排列,磁化率极小但矫顽力强。③ 亚铁磁性又称铁淦氧磁性,磁畴内原子磁矩反平行排列且大小不等,有自发磁矩,此类物质磁化率和剩余磁化强度较大。

（二）矿物的磁性

岩石由各种矿物组成，岩石磁性强弱与矿物磁性强弱有紧密而直接的关系。

1. 抗磁性矿物与顺磁性矿物

自然界中多数矿物表现为顺磁性或抗磁性，常见矿物的磁化率情况见表 3-2-1。

表 3-2-1　常见矿物磁化率

抗磁性物质				顺磁性物质			
名称	$\kappa_{平均}$	名称	$\kappa_{平均}$	名称	$\kappa_{平均}$	名称	$\kappa_{平均}$
石英	−1.3	方铅矿	−2.6	橄榄石	2	绿泥石	20～90
正长石	−0.5	方解石	−1.0	角闪石	10～80	白云母	4～20
盐岩	−1.0	石墨	−0.4	黑云母	15～65	斜长石	1

注：$\kappa_{平均}$的单位为 10^{-5}SI(κ)。

由表 3-2-1 可知：

（1）抗磁性矿物磁化率小于零且为常数，在磁法勘探中被视为无磁性，常见矿物如石墨、石英、方解石等。

（2）顺磁性矿物磁化率大于零且为常数，比抗磁性矿物磁化率大两个数量级，常见矿物有橄榄石、角闪石、黑云母等。

2. 铁磁性矿物

铁磁性矿物磁化率大于零且不恒定，随外磁场和温度变化。常见的有磁铁矿、磁黄铁矿、钛磁铁矿等。铁磁性矿物种类不多但分布广，岩（矿）石多含有这些成分。磁铁矿磁化率高、剩余磁性强且变化幅度大。一些铁磁性矿物的磁化率见表 3-2-2。

表 3-2-2　一些铁磁性矿物的磁化率

矿物	分子式	κ/SI(κ)
磁铁矿	Fe_3O_4	0.07～0.2
钛磁铁矿	$xFe_3O_4\cdot(1-x)TiFe_2O_4$	10^{-7}～10^{-2}
磁赤铁矿	γFe_2O_3	0.03～0.2
赤铁矿	αFe_2O_3	10^{-6}～10^{-5}
磁黄铁矿	FeS_{1+x}	10^{-3}～10^{-4}
铁镍矿	$NiFe_2O_4$	0.05
锰尖晶石	$MnFe_2O_3$	2.0
镁铁矿	$MgFe_2O_4$	0.8
针铁矿	$\alpha FeOOH$	$(0.02\sim80)\times10^{-4}$
纤铁矿	$\gamma FeOOH$	$(0.9\sim2.5)\times10^{-4}$
菱铁矿	$FeCO_3$	$(20\sim60)\times10^{-4}$

磁黄铁矿属于铁-硫二元系，常见于汞、砷、锑层控矿床。当 $0<x<0.1$ 时，磁黄铁矿呈反铁磁性，$0.1<x<0.25$ 时为亚铁磁性。磁黄铁矿分为 α 型和 γ 型，后者磁化率较大。

三、三大岩类磁性

地壳中的岩石可以划分为沉积岩、岩浆岩以及变质岩这三大类别。在这三大类别中，岩浆岩的磁性相对来说较为强劲，沉积岩的磁性相对较弱，变质岩则处于两者之间。其具体数量级范围如表 3-2-3 所列。

表 3-2-3　地壳岩石的磁化率 κ 和天然剩余磁化强度 M_r

岩石类型	$\kappa/[\times 10^{-6}\mathrm{SI}(\kappa)]$	$M_r/(\mathrm{A/m})$	岩石类型	$\kappa/[\times 10^{-6}\mathrm{SI}(\kappa)]$	$M_r/(\mathrm{A/m})$
超基性岩	$10^1 \sim 10^3$	$10^{-1} \sim 10^1$	变质岩	$10^{-1} \sim 10^2$	$10^{-3} \sim 10^{-1}$
基性岩	$10^0 \sim 10^3$	$10^{-3} \sim 10^1$	沉积岩	$10^{-1} \sim 10^1$	$10^{-3} \sim 10^{-1}$
酸性岩	$10^0 \sim 10^2$	$10^{-3} \sim 10^1$			

注：表中数值表示数量级。

（一）沉积岩的磁性

通常，沉积岩磁性较弱，其磁化率取决于副矿物的含量和成分，如磁铁矿、磁赤铁矿、赤铁矿、铁的氢氧化物等，而石英、长石、方解石等造岩矿物对磁化率无影响。沉积岩的天然剩余磁性和从母岩剥落的磁性颗粒有关，但数值较小。

（二）岩浆岩的磁性

由表 3-2-3 可以看出，岩浆岩具有较强的磁性和较大的剩磁。从基性岩到中性岩再到酸性岩，其磁性逐渐减弱，其中超基性岩的磁性最强。当超基性岩经受蛇纹石化时，辉石会分解成蛇纹石和磁铁矿，导致磁性急剧增大。

侵入岩的磁性相对较弱，而喷发岩由于冷却迅速且不均匀，结晶速度快，使得磁化率呈现出高度离散的状态。

（三）变质岩的磁性

变质岩磁性中等，与原岩矿物成分和变质作用性质密切相关。变质岩磁化率和天然剩余磁化强度变化范围广，按磁性可分为铁磁-顺磁性和铁磁性两类，这与基质、形成条件有关。沉积岩变质形成的副变质岩磁性一般为铁磁-顺磁性，岩浆岩变质形成的正变质岩磁性有铁磁-顺磁性和铁磁性两种，这与原岩矿物成分及变质作用性质有关。

含层状结构的变质岩有磁各向异性，M_r 方向近片理方向，磁化率各向异性可用下式评估。

$$\lambda_k = \frac{\kappa_{最大} - \kappa_{最小}}{\kappa_{平均}} \tag{3-2-11}$$

式中，λ_k 是磁化率各向异性系数。

在经历强烈变质的沉积岩石中，λ_k 可达 1.0 至 1.5。

四、影响岩(矿)石磁性的主要因素

（一）铁磁性矿物的含量

铁磁性矿物主要分顺磁性、抗磁性、铁磁性几类，岩石磁性强弱很大程度取决于铁、钴、镍及其相关化合物含量，如磁铁矿、磁黄铁矿、钛铁矿等。铁磁性矿物含量高，岩石磁性强；含量低，岩石磁性弱。铁磁性矿物磁化能力强，在磁场中能强烈磁化并赋予岩石磁性，如富含磁铁矿的岩石磁性更强。

（二）铁磁性矿物的颗粒大小及结构构造

实验表明，铁磁性矿物含量相同时，颗粒越细小、胶结程度越高，岩石磁性越强。因为细小颗粒能提供更多磁畴，高胶结程度利于磁畴有序排列。颗粒细化使表面积与体积比增大，表面磁矩易相互作用形成更多磁畴，良好胶结可减少颗粒空隙和降低不连续性，使磁矩传递更顺畅，从而增强磁性。

（三）岩（矿）石的形成环境

火山岩磁性较强，因其形成时岩浆冷凝速度快，能保留较多剩余磁性，快速冷却使岩浆中磁性矿物来不及调整磁性方向。

新形成的岩层比老岩层磁性强，因剩余磁性随时间推移逐渐减小，新岩层形成晚，剩余磁性衰减得少。时间会导致磁性矿物内部变化，使磁性减弱，新岩层形成时间短，未受这些过程的显著影响。

变质作用能促使岩石中铁质成分再结晶形成磁铁矿，原生沉积岩磁性弱，沉积变质形成的含铁石英岩磁性强。变质作用的高温、高压和化学环境改变有利于铁质成分重组结晶，新形成的磁铁矿晶体可提升岩石磁性。

氧化还原作用能将岩石中铁质还原成磁铁矿，所以燃尽煤层的上方常有强磁性。地质环境中氧化还原条件变化会引发铁元素价态和矿物相态转变，增强岩石磁性。

（四）应力作用

应力会显著削弱岩石磁性，构造破碎带常出现低磁性或负异常。应力会改变岩石内部微观结构和矿物排列，干扰磁畴有序排列和磁性粒子相互作用，导致磁性减弱，在构造活动频繁的地区更明显。

（五）磁性地质体的形状

不同形状的磁性体产生的消磁场的强度和分布各不相同，磁性特征差异大，如球体和长条形状磁性体的磁性表现有明显区别。磁性体形状决定内部磁场分布和对外磁场的响应方式，球体磁场分布均匀，长条形状在长轴和短轴方向磁性不同，能推断磁性地质体形态和分布，这对地质勘探和研究有重要意义。

第三节　磁法勘探的野外测量

一、磁力仪的分类及测量原理

（一）分类

就内部结构及工作原理而言，磁力仪大致可分为以下类别：

(1) 机械式磁力仪。像悬丝式磁秤、刃口式磁秤之类的均属此类。

(2) 电子式磁力仪。比如质子磁力仪、光泵磁力仪、磁通门磁力仪等都涵盖于其中。

从测量的地磁场参数及其量值的角度来看，磁力仪又可做如下划分：

(1) 相对测量仪器。如悬丝式垂直磁力仪等，它主要测量地磁场垂直分量 Z 的相对差值。

(2) 绝对测量仪器。如质子磁力仪等，它能够测量地磁场总强度 T 的绝对值，也可以测量梯度值。

（二）测量原理

理论物理的深入研究结果表明：氢质子旋进的角速度 ω 和磁场 T 的大小呈正比例关系。

$$\omega = \gamma_p \cdot T \tag{3-3-1}$$

式中，γ_p 为质子的自旋磁矩与角动量之比，被称为质子磁旋比（或回旋磁化率），这是个恒定值，具体数值情况如下：

$$\gamma_p = (2.675\ 198\ 7 \pm 0.000\ 007\ 5) \times 10^8\ T^{-1}s^{-1}$$

又因 $\omega = 2\pi f'$，则有：

$$T = \frac{2\pi}{\gamma_p} \cdot f' = 23.487\ 4 f' \tag{3-3-2}$$

由式(3-3-2)可知，只要能够精准地测量出质子旋进的频率 f' 并乘以特定常数，就能够得出地磁场 T 的数值。

二、磁测工作方法

地面磁测的重要目的是通过观察磁异常来分析地质构造和探寻矿藏。磁法勘探工作根据观测磁异常方式的不同，分为地面磁测、航空磁测、海洋磁测、卫星磁测和井中磁测等类别。依照测量参数的差别，又有垂直磁场、水平磁场、总场、三分量以及各种梯度异常测量等。磁法勘探的工作流程主要包含以下几个方面：

(1) 由设计任务书布置测网：根据具体的勘探任务和要求，在设计任务书中明确测网的布局和规格。

(2) 选基点：精心挑选合适的基点，为后续的测量工作提供基准。

(3) 按精度要求进行施工：严格依照预定的精度标准开展施工操作，确保测量的准确性和可靠性。

(4) 观测日变、采集标本、测定磁参数：在测量过程中，密切观测日变情况，采集相关标本，并精确测定磁参数。

(5) 质量检查：对整个测量过程和所得数据进行全面的质量检查，以保障成果的质量。

(一) 比例尺

磁测工作中根据对磁异常研究的详细程度，可将磁测分为普查和详查。

(1) 在小比例尺地质填图中探测结晶基底的起伏及内部构造，研究盖层沉积构造的形态，追索大断裂带等。

(2) 在中、大比例尺地质填图中确定岩层接触带，圈定岩体、构造破碎带、断层和岩脉等。

(3) 在矿产资源勘查中会通过进一步寻找磁异常来查明地质构造或矿产。

磁测中不同比例尺的适用情况如表 3-3-1 所列。

表 3-3-1　磁测中不同比例尺的适用情况

1∶50 000 或更小比例尺	—	—	适合航测
1∶25 000	线距 250 m	点距 50～100 m	适合普查
1∶10 000 或 1∶5 000	线距 100 m	点距 10～50 m	适合详查
1∶2 000(或 1∶1 500)	线距 20～5 m	点距 1～2 m	适合精查

(二) 测网布置

磁测工作首先要选择合适的测区和测网。测区应根据任务在地质条件有利地区选定，确定测区后按一定密度布置测点，由点组成测线，由测线组成测网。测线方向尽量与磁异常长轴垂直，点距和线距大小依磁异常规模而定，要让磁异常范围内的测点数能反映其形状和特点。

1. 测网的确定

在普查阶段，其选择原则为：线距不能超过最小的具备工业意义的矿体长度。点距要确保至少有 3 个测点落在异常之上。

到了详查阶段，线距的选定应保证有 5 至 7 条测线穿过异常轴，点距应当能够反映出磁场的全部具有意义的特征和细节，也就是说，当测网进一步加密时，异常的细节不会再有显著的变化。

在实际选择测网的时候，需要考虑以下这些因素：

（1）矿体的长度与密度；

（2）矿体的埋藏深度；

（3）矿体和围岩的磁性差异；

（4）异常干扰值的大小。

2. 磁测精度的确定

通常情况下，在强磁区可以适当降低精度要求，在弱磁区则需要规划较高的精度。由误差理论可知，通常大于三倍均方根误差（m）的观测值属于可信值。那么在进行普查时，精度应确定为：最低异常值＞$\pm 3m$。也就是说，m 应当小于最低异常值的三分之一，一般以 2.5 倍来进行考量。

3. 测量质量的评定

对测量结果的实际精度，常用均方根误差（m）来衡量。若检查点有 n 个，第 i 个点的第一次观测值为 Z'_i，第二次观测值为 Z''_i，其差值 $\delta_i = Z'_i - Z''_i (i=1,2,3,\cdots,n)$，则质量评价公式为：

$$m = \pm\sqrt{\frac{\sum \delta_i^2}{2n}} \tag{3-3-3}$$

4. 基点的确定与观测

在进行相对测量工作时，要在测区周边选平静场基点作为磁场零值参考点，这对测量数据至关重要。测区范围大时，可设分基点用于早晚观测，或设基点网观测，多个基点协作能更全面精确获取磁场信息，更好地为后续研究提供数据支撑。

（1）早、晚基观测

在野外施工时，每天出工前要在事先设好的基点处观测获取数据，称为“对早基”，能为当天测量建立初始磁场参考值，保证数据准确可比。收工前在同一基点处观测获取数据叫“对晚基”，是为了与“对早基”数据对比分析，了解磁场一天的变化，为后续数据处理和误差分析提供依据。

（2）测点观测

进行测点观测时要极度细致严谨。工作人员要在记录本中准确记录关键数据，这对后续数据分析处理很重要。测量中遇大幅异常需要立即增加测点观测，增加测点密度可捕捉异常变化趋势，追踪极大值和极小值，有助于了解异常特征规律，为后续分析解释提供丰富数据。

（3）质量检查

为全面、准确且权威评估区域观测质量，在测量不同阶段要规划一定数量的测点以便第二次独立观测，第二次观测仪器精度不低于首次的。质量检查要利用不同时间、不同人员、不同仪器进行观测，减少误差和人为影响，提高可靠性和公正性；每次检查点数应不少于 30 个，保证样本充足有代表性，反映观测区域质量。

（4）精测剖面

为更深入准确解释异常现象，通常会在垂直异常长轴且过中心处布置点距密集的剖面，这种布局可更全面了解异常形态和规律，剖面数据可用于定性定量解释，为揭示异常成因、性质与地下地质结构关系提供依据和线索，有助于理解地质现象。

（三）磁测数据的资料整理

磁测工作应基于特定测网进行，获取的数据要经过一系列整理计算，排除各种干扰因素，才能得到各测点所需的磁异常值。资料整理的具体步骤如下：

1. 基点改正

将当日各测点观测值减去早基值，便得到各测点与基点的相对值，称为基点改正。

2. 日变改正

根据日变曲线（图 3-3-1），将早基观测时间的日变设定为起始的零值，然后在各测点对应的时间位置于日变曲线上查找日变值，并获取相应的改正值。需要注意的是，当日变值为负时，改正值为正。

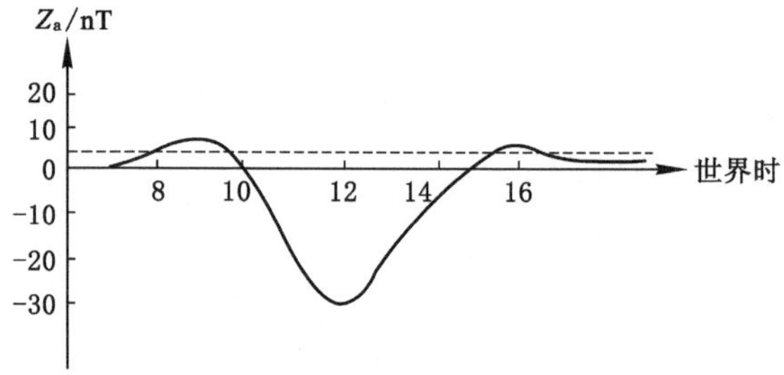

图 3-3-1　日变曲线及日变改正

3. 温度改正

求出各测点与早基的温差，再用温差与温度变化率的乘积作为应改正的值。

$$\Delta B = \pm T_C(t - t_0) \tag{3-3-4}$$

式中，T_C 为磁力仪的温度系数（nT/℃）；t 为测点观测时仪器温度；t_0 为早基观测时的仪器温度。当 T_C 为正时，上式取负号；反之，取正号。

4. 零点改正

通常仪器零点漂移呈线性变化，漂移格数与使用时间成正比。零点改正值可从仪器零点漂移曲线查询，此曲线由基点控制，以基点为零改正值线，各测点改正值能在相应位置查找。

5. 正常梯度改正

以基点为零改正值线，各测点改正值即可在相应位置查取。

（四）磁测数据的结果表示

为更直观清晰反映测区磁异常的特点和规律，要把整理计算得到的各测点磁异常数据按特定比例精心绘制成各种磁异常图。这些图是磁测结果推断解释的关键依据，磁异常图种类繁多，常用的基本图件有磁异常剖面图、磁异常平面剖面图、磁异常平面等值线图等。

1. 磁异常剖面图

图 3-3-2 为某铁矿的一条垂直分量磁异常综合剖面图。其中，横坐标表示测线上的各测点；纵坐标表示磁异常值，以上为正，以下为负。将每个测点的磁场值按比例展绘在图上，每两点间用直线相连，即可勾绘出磁异常沿剖面的变化曲线。

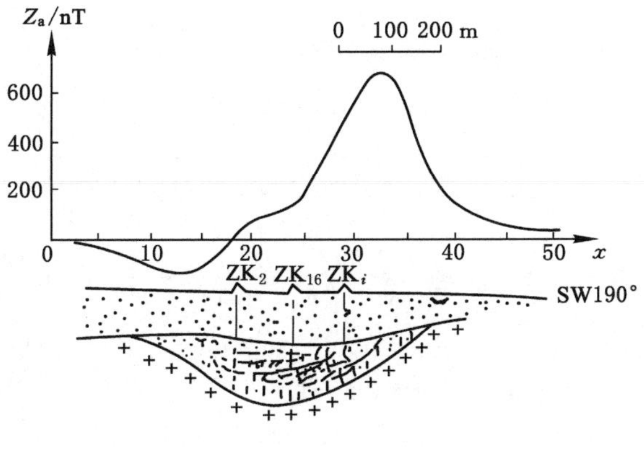

图 3-3-2 某铁矿的一条垂直分量磁异常综合剖面图

2. 磁异常剖面平面图

根据工作比例尺，在平面上按测网实际图绘出全部测线的异常剖面(图 3-3-3)。平面剖面图的主要优点是对整个测区每个异常在多条剖面上的异常形态结构有较客观的反映，所以它是面上异常解释的基础图件。

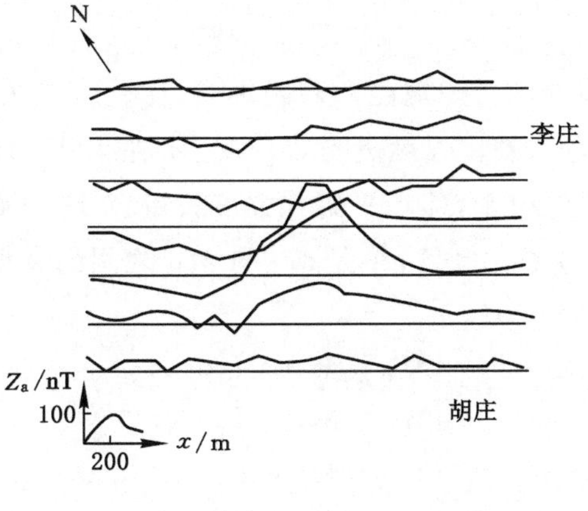

图 3-3-3 垂直磁异常剖面平面图示例

3. 磁异常平面等值线图

根据工作比例尺，在平面上按测网实际图绘出全部测线的异常剖面，编制方法是将全部测点及其磁场值展绘在图上，然后根据异常值勾绘等值线图，如图 3-3-4 所示。

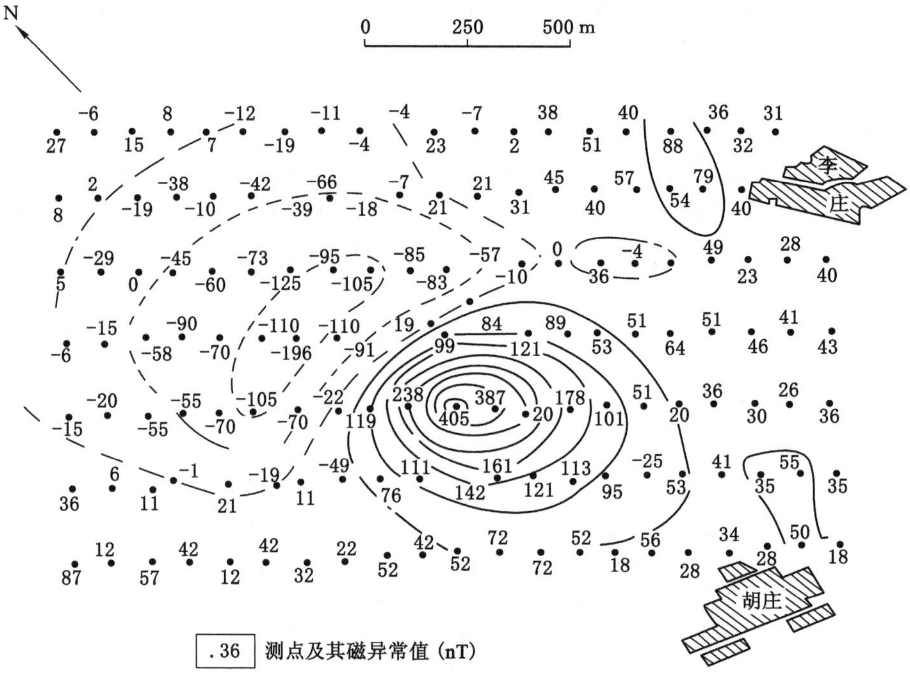

图 3-3-4　磁异常平面等值线示例

第四节　磁异常的类型和特征

一、磁异常的正问题

（一）有效磁化强度

假设磁性体均匀磁化，暂不考虑退磁和剩磁因素，磁化强度矢量 $\boldsymbol{M}$ 的空间分布状况如图 3-4-1 所示。其中，$\boldsymbol{M}$ 为总磁化强度矢量，$\boldsymbol{M}_s$ 是 $\boldsymbol{M}$ 在 XOZ 面的投影，即有效磁化强度矢量；$\boldsymbol{M}_H$ 是 $\boldsymbol{M}$ 在 XOY 面的投影，即水平磁化强度矢量；I 是 $\boldsymbol{M}$ 的倾角，即磁化倾角；i_s 是 $\boldsymbol{M}_s$ 与 OX 轴的夹角，即有效磁化倾角；A 是 $\boldsymbol{M}_s$ 与 $\boldsymbol{M}_H$ 之间的夹角。

由图 3-4-1 可以看出：

$$\begin{cases} \boldsymbol{M}_x = \boldsymbol{M}\cos I\cos A \\ \boldsymbol{M}_y = \boldsymbol{M}\cos I\sin A \\ \boldsymbol{M}_z = \boldsymbol{M}\sin I \\ \boldsymbol{M}_s = \sqrt{\boldsymbol{M}_x^2 + \boldsymbol{M}_z^2} \end{cases} \tag{3-4-1}$$

由式(3-4-1)可得：

有效磁化强度 $\boldsymbol{M}_s = \boldsymbol{M} \cdot \sqrt{\cos^2 I\cos^2 A + \sin^2 I}$。

有效磁化倾角 $i_s = \arctan\dfrac{\boldsymbol{M}_z}{\boldsymbol{M}_x} = \arctan(\tan I/\cos A)$。

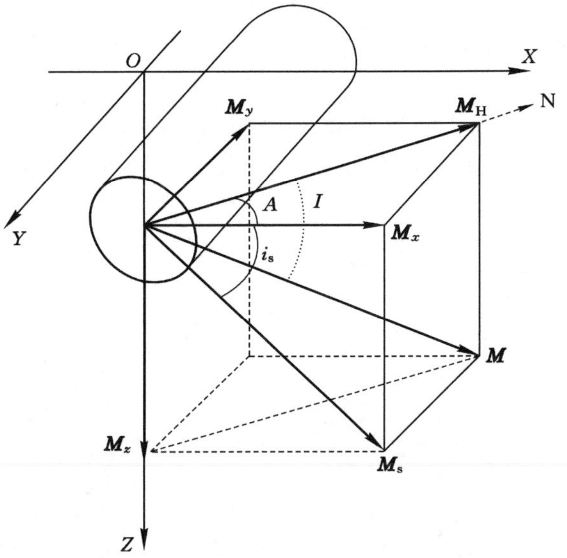

图 3-4-1　磁化强度矢量空间分布图

（二）总强度磁异常的一般表达

实际磁测通常更易精确测定总磁场的模量异常 $\Delta\boldsymbol{T}$，磁异常的正问题则便于计算磁场三分量 $\boldsymbol{Z}_a$、$\boldsymbol{H}_{ax}$、$\boldsymbol{H}_{ay}$，所以需要研究 $\Delta\boldsymbol{T}$ 与 $\boldsymbol{Z}_a$、$\boldsymbol{H}_{ax}$、$\boldsymbol{H}_{ay}$ 的关系，从而通过磁场三分量正演 $\Delta\boldsymbol{T}$。

1. $\Delta\boldsymbol{T}$ 的物理意义

磁异常总强度矢量 $\boldsymbol{T}_a$ 指的是磁场总强度 $\boldsymbol{T}$ 与正常场 $\boldsymbol{T}_0$ 矢量的差值，即

$$\boldsymbol{T}_a=\boldsymbol{T}-\boldsymbol{T}_0 \tag{3-4-2}$$

而 $\Delta\boldsymbol{T}$ 则是 $\boldsymbol{T}$ 与 $\boldsymbol{T}_0$ 的模量差，即

$$\Delta\boldsymbol{T}=|\boldsymbol{T}|-|\boldsymbol{T}_0| \tag{3-4-3}$$

$\Delta\boldsymbol{T}$ 既不是 $\boldsymbol{T}_a$ 的模量，也并非 $\boldsymbol{T}_a$ 在 $\boldsymbol{T}_0$ 方向的投影，如图 3-4-2 所示。

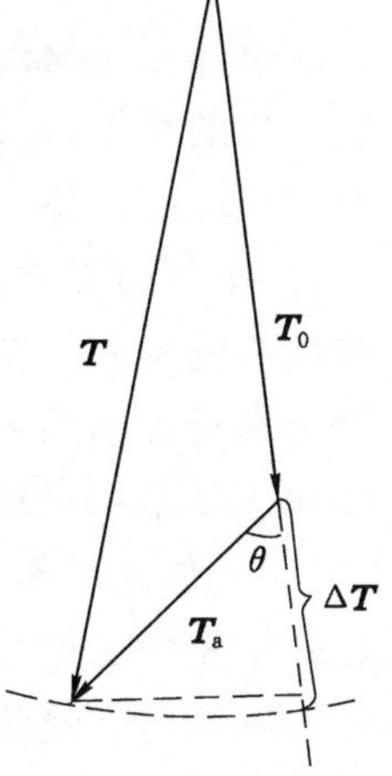

图 3-4-2　$\Delta\boldsymbol{T}$ 与 $\boldsymbol{T}$、$\boldsymbol{T}_0$、$\boldsymbol{T}_a$ 的关系

根据矢量三角形的余弦定理：

$$\boldsymbol{T}=\sqrt{\boldsymbol{T}_0^2+\boldsymbol{T}_a^2+2\boldsymbol{T}_0\boldsymbol{T}_a\cos\theta} \tag{3-4-4}$$

式(3-4-4)中 θ 是 $\boldsymbol{T}_a$ 与 $\boldsymbol{T}_0$ 之间的夹角。根据式(3-4-3)，式(3-4-4)可写为：

$$\boldsymbol{T}_0+\Delta\boldsymbol{T}=(\boldsymbol{T}_0^2+\boldsymbol{T}_a^2+2\boldsymbol{T}_0\boldsymbol{T}_a\cos\theta)^{1/2} \tag{3-4-5}$$

对上式两端取平方，并除以 T_0^2 可得：

$$\left(\frac{\Delta\boldsymbol{T}}{\boldsymbol{T}_0}\right)^2+2\left(\frac{\Delta\boldsymbol{T}}{\boldsymbol{T}_0}\right)=\left(\frac{\boldsymbol{T}_a}{\boldsymbol{T}_0}\right)^2+2\left(\frac{\boldsymbol{T}_a}{\boldsymbol{T}_0}\right)\cos\theta \tag{3-4-6}$$

当 $\boldsymbol{T}_a\ll\boldsymbol{T}_0$ 时，式(3-4-6)中的平方项可略去，从而可将其简化为：

$$\Delta\boldsymbol{T}\approx\boldsymbol{T}_a\cos\theta=\boldsymbol{T}_a\cos(\boldsymbol{T}_a,\boldsymbol{T}_0) \tag{3-4-7}$$

式(3-4-7)表明,航空磁测或者一般地面磁测,当磁异常 $\boldsymbol{T}_a$ 强度不大时,可近似把 $\Delta\boldsymbol{T}$ 看作 $\boldsymbol{T}_a$ 在 $\boldsymbol{T}_0$ 方向的投影。这样 $\Delta\boldsymbol{T}$ 的物理意义与 $\boldsymbol{Z}_a$、$\boldsymbol{H}_a$ 类似,都是 $\boldsymbol{T}_a$ 在固定方向的分量。

2. $\Delta\boldsymbol{T}$ 与 $\boldsymbol{Z}_a$、$\boldsymbol{H}_a$ 的关系

设地磁倾角为 I,测线方位角为 A,x 轴为测线方向,由图 3-4-3 可得:

$$\Delta\boldsymbol{T}=\boldsymbol{H}_{ax}\cos I\cos A+\boldsymbol{H}_{ay}\cos I\sin \boldsymbol{A}+\boldsymbol{Z}_a\sin I \tag{3-4-8}$$

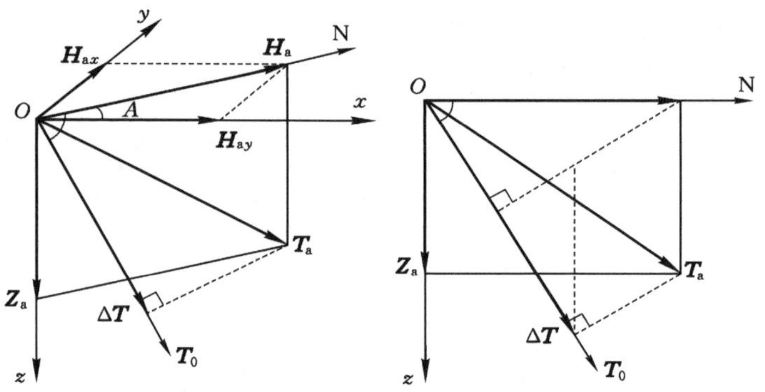

图 3-4-3 $\Delta\boldsymbol{T}$ 与 $\boldsymbol{Z}_a$、$\boldsymbol{H}_a$ 的关系

当 $I=90°$(垂直磁化)时,相当于磁性体位于磁极处(高纬度地区),则有:

$$\Delta\boldsymbol{T}=\boldsymbol{Z}_a$$

从理论上说,当磁性体沿走向无限延伸,且在走向上该磁性体的埋藏深度、截面形状、大小和磁化特点皆是稳定不变的,则称此种形体为二度体。显然,这种磁性体的磁场沿走向不变,仅需要计算剖面上的磁场即可。若磁性体为二度体(即走向长度很大),磁性体沿 y 方向无限伸长,磁位沿 x 方向无变化,即 $\boldsymbol{H}_{ay}=\boldsymbol{0}$,则由式(3-4-8)可得:

$$\Delta\boldsymbol{T}=\boldsymbol{Z}_a\sin I+\boldsymbol{H}_{ax}\cos A\cos I \tag{3-4-9}$$

式(3-4-8)对任何形体都适用,而式(3-4-9)只适用于测线垂直于走向的水平二度体。

3. 二度体与三度体的概念

三度体指的是那些没有显著走向的磁性体,或者沿走向磁性体在埋深、形状以及大小方面有明显变化的磁性体。对于三度体的异常,仅仅研究其在某一个剖面上的变化特点是远远不够的,必须要对异常的平面特征加以研究,所以场和空间的三个坐标方向都存在关联。

当磁性体的走向长度相比磁性体截面的线长度以及埋藏深度要大很多,并且当把研究的剖面设定在沿走向的中部位置时,就能够将其当作二度体来计算。

二度和三度是相对的概念。比如,有些虽然在走向方向的延伸有限但埋藏比较浅的磁性体,也能够近似地视作二度体;相反,如果埋藏较深,那就可以看成三度体。

在野外常见的二度体包括层状、脉状、似层状、岩脉、岩墙、向斜、背斜等地质体。而在野外常见到的三度体有囊状、透镜状、巢状地质体以及岩筒等。

(三) 规则形体上的磁异常特征

1. 柱体(无限延伸)

在自然界中,火山颈、筒状体等均可被视作柱状体。如图 3-4-4 所示,在北半球,向北倾斜的柱状体基本都是顺轴磁化,其磁化方向为柱顶(负磁极)指向柱底(正磁极),而在其他地

方没有磁极分布。当柱状体无限延伸时，柱底正磁极在地表产生的磁场可忽略不计。顺轴磁化柱体(无限延伸)的 Z_a 曲线具有以下特征：

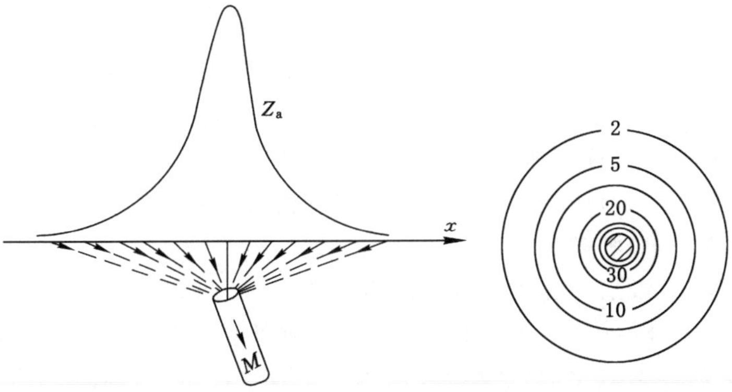

图 3-4-4　柱状体的 Z_a 曲线异常

(1) 在剖面图上，柱顶的正上方会出现极大值，两侧呈对称分布且逐渐减小，在远处趋于零，但不会出现负值。

(2) 在平面图上，以柱顶在地面的投影为圆心，会形成一系列同心圆。

注：倘若柱体延伸有限，那么 Z_a 曲线将不对称，并且在倾斜的一侧或者在产生正磁荷的一侧会出现负值。

2. 球体

在自然界中，囊状体、透镜体、充填磁性矿物的溶洞等均可被视作球体。一个均匀球体的磁场等同于一个磁偶极子的磁场，存在垂直磁化和倾斜磁化两种情形下的 Z_a 曲线异常情况，如图 3-4-5 和图 3-4-6 所示。

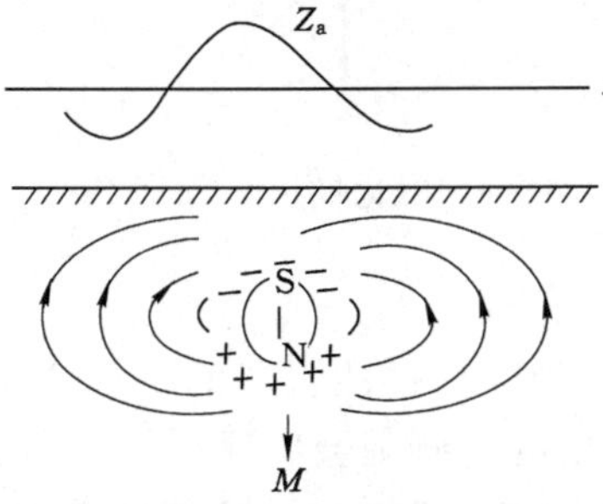

图 3-4-5　垂直磁化球体的 Z_a 曲线

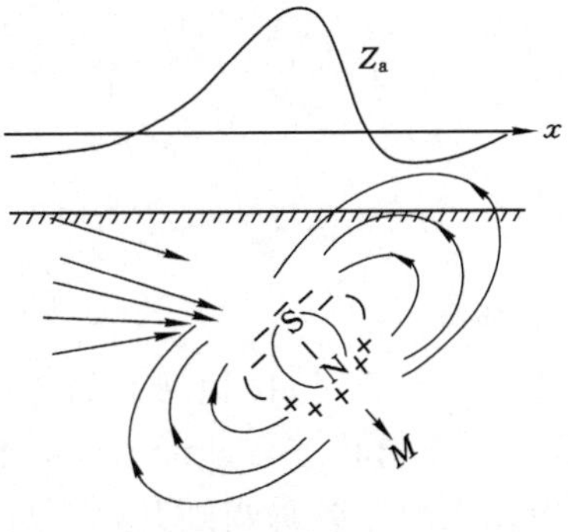

图 3-4-6　倾斜磁化球体的 Z_a 曲线

(1) 垂直磁化

Z_a 异常曲线的特征表现为极大值位于球心正上方，两侧呈对称分布且逐渐减小，并会出现负值，在远处趋近于零。球顶上的平面 Z_a 等值线形状是以球心在地面的投影为圆心的一系列同心圆，其中间部分呈现正值，而外围的等值线则为负值。

(2) 倾斜磁化

Z_a 异常曲线的特征为曲线不对称，两侧的负值并不相等。当磁化强度向右下倾斜时，Z_a 的极大值向左偏移，右侧的负值幅度较大，并且等值线在倾斜侧变得密集，在另一侧则变得稀疏。

3. 板状体

在自然界中，层状体、脉状体等地质结构体常常可近似地被看作板状体。对板状体而言，存在厚板和薄板之分。若板状体顶面的埋深小于其自身上顶面的宽度，即可归类为厚板；反之，若板状体顶面的埋深大于其自身上顶面的宽度，则属于薄板。此外，当磁化强度（M）的方向与层面呈现平行状态时，这种磁化情况被称为顺层磁化；而当磁化强度（M）的方向与层面呈斜交状态时，则被称为斜磁化。

如图 3-4-7 所示，顺层磁化无限延伸薄板状体的 Z_a 曲线具有如下特征：

(1) 在剖面图中，板顶上方会出现 Z_a 极大值，曲线两侧呈现出完美的对称形态，并且随着向两侧延伸，数值逐渐减小，直至在远处趋向于零，但在整个过程中不会出现负值。与此同时，异常梯度会逐渐变得平缓，曲线所覆盖的宽度也会相应增大。

(2) 在平面图中，Z_a 等值线的形状呈现为条带状，分布规律较为清晰明确。

如图 3-4-8 所示，当处于斜磁化状态时：

(1) Z_a 异常曲线呈现出不对称的形态。当板状体的倾角小于地磁场的倾角时，Z_a 曲线的极大值会向右发生偏移，并且在左侧会出现负值。

(2) 在等值线图上，Z_a 呈现出具有一定走向的条带状。其中，一侧显示为正值，而另一侧则显示为负值，正负值的分布具有明显的规律性和特征性。

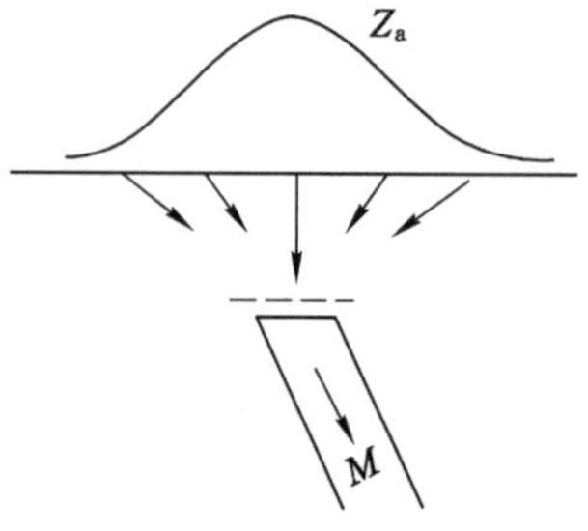

图 3-4-7　顺层磁化板状体 Z_a 曲线

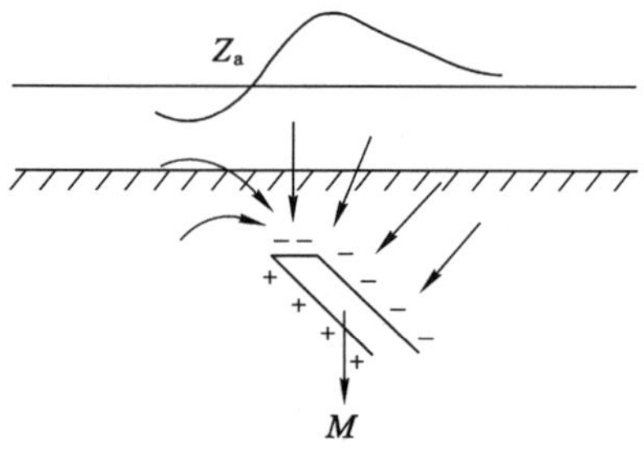

图 3-4-8　斜磁化板状体 Z_a 曲线

4. 接触带

如图 3-4-9 所示，接触带上的异常具有如下曲线特征：在磁性岩层的一侧会呈现出正值，并且这种正值状态会延续较长的范围；在非磁性岩层的一侧则会出现负值。

通过以上对于各种规则几何形体磁场特征的深入分析，我们能够清晰地看出：在剖面上，顺层磁化薄板的磁场与顺轴磁化柱体的磁场具有相似性，水平圆柱体的磁场和球体的磁场也较为类似。然而，它们之间存在着基本的差别。球体、顺轴磁化柱体这类属于三度体的磁场呈现出等轴异常的特征；而顺层磁化薄板、水平圆柱体这类属于二度体的磁场则表现为狭长异常。

（四）决定磁异常特征的主要因素

1. 磁性体的形状和大小

磁性体的形状和大小会对磁异常产生显著影响。就形状而言，它决定了磁异常的平面

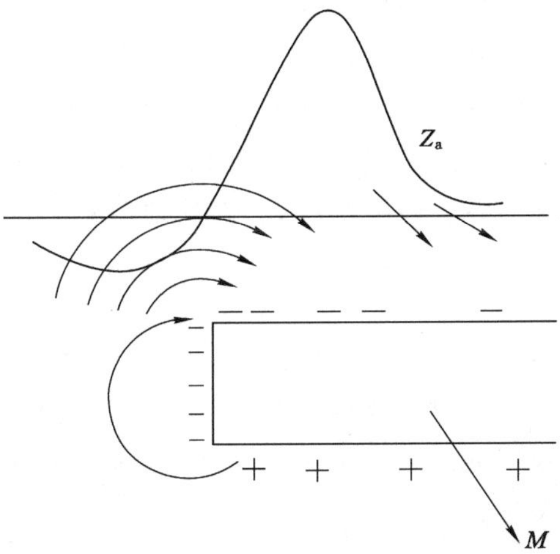

图 3-4-9　接触带的 Z_a 曲线

形态。例如，三度体（如柱体、球）对应的等值线形状通常为等轴状；二度体（如水平圆柱、板等）对应的等值线形状则为狭长状。在埋深相同的情况下，磁性体的大小决定着磁异常的幅值以及范围。

2. 磁性体的下延深度

磁性体的下延深度决定着磁异常正、负部分的分布规律。当下延深度很大时，在顺层磁化的情况下无负磁异常，或者仅一侧有负值；当下延有限时，正异常的两侧都会出现负值。

3. 磁性体的倾角

磁性体的倾角（α）所产生的影响较为复杂，这是因为磁异常的特征并非单纯取决于 α，而是取决于 α 与磁化强度倾角（i）之差。一般来说，当 $\alpha=i$ 时，如果磁性体为有限延伸，那么 Z_a 曲线不对称；如果磁性体为无限延伸，则 Z_a 曲线为纵轴对称。当 $\alpha\neq i$ 时，Z_a 曲线不对称。

4. 磁性体的走向

磁性体走向长度决定着磁异常平面等值线的形状，其走向方向则决定了磁化强度（M_s）的大小和方向，进而决定了磁异常的对称性。

当磁体的走向长度很大时，磁异常的平面等值线形状呈现为狭长状；而当磁体的走向长度不明显时，磁异常的平面等值线形状则表现为等轴状。

5. 磁性体的磁化强度

磁化强度的大小决定了磁异常幅值的大小；磁化强度的方向则决定了磁异常的对称性。

6. 磁性体的埋深

磁性体的埋深对磁异常的幅值、范围以及梯度变化起着决定性作用。当磁性体埋深较大时，磁异常的幅值较小、范围较宽、梯度较小；而当磁性体埋深较小时，磁异常的幅值较大、范围较窄、梯度较大。

二、磁异常的反问题

通过已知磁场空间分布确定地下场源体特征，如位置、形状、产状、磁化强度等，称为磁异常反演问题。磁异常反演分定性-半定量解释和定量解释两个阶段，相互关联辅助，要先正确定性和半定量解释初步判断磁性体情况，才能选取定量计算方法获取完备结果。

磁异常解释工作有两个常见问题：一是场源体的非均匀磁性，自然界中因地质和地球物理环境不同，非均匀磁性普遍，对有一定埋藏深度的场源反演解释常假定为均匀磁化；二是反演的多解性，地球物理反演中多解性广泛存在，需用地质和其他地球物理资料综合推断解释来防止误判或降低其影响。

（一）特征点法

利用磁异常曲线的特征值，如极大值、半极值等坐标位置和距离求解磁源体参量的方法叫特征点法。其实质是求出不同形状磁性体磁场解析式的特征点与形体参量的关系式，从异常曲线上读取特征值并代入求得反演结果。下面以球体为例说明该方法的原理和计算公式。

已知斜磁化球体的 Z_a 表达式为：

$$Z_a=\frac{\mu_0 m_s}{4\pi(x^2+R^2)^{5/2}}\left[(2R^2-x^2)\sin i_s-3Rx\cos i_s\right] \tag{3-4-10}$$

令 $\frac{\partial Z_a}{\partial x}=0$，则有三个根对应其极值横坐标，其中极大值坐标 x_{max} 和一个明显的极小值坐标 x_{min} 之间的距离 d_m 为：

$$d_m=x_{min}-x_{max}=\frac{1}{f}\cdot R \tag{3-4-11}$$

则有：

$$R=f\cdot d_m$$

其中：

$$f=\frac{1}{4\sin\frac{\varphi}{3}\sqrt{1+\frac{4}{3}\cot^2 i_s}}$$

$$\varphi=\arccos\left[\left(\frac{64}{27}\cot^3 i_s+\frac{13}{6}\cot i_s\right)\left(\frac{4}{3}+\frac{16}{9}\cot^2 i_s\right)^{-3/2}\right] \tag{3-4-12}$$

将极值点坐标 x_{max} 代入 Z_a 表达式中，可求得截面磁矩 m_s，有：

$$m_s=\frac{2\pi R^3 Z_{a,max}}{\mu_0\varphi} \tag{3-4-13}$$

若令 $K=\frac{|Z_{a,min}|}{Z_{a,max}}$，这时 K 与 f、φ 均为 i_s 的函数值，根据它们的函数关系式可以作出表 3-4-1。解反演问题时，从实测异常曲线上取得 d_m 和极值比 K，并由 K 值在表中查得 i_s、f 及 φ 值，分别代入式(3-4-12)和式(3-4-13)解得 R 和 m_s。若已知截面磁化强度 M_s，则又可求得球的中心剖面内最大截面积 S，进一步可解得球体的体积。

表 3-4-1　由 K 与 f、φ、i_s 的函数关系所得对应数值

i_s	0°	15°	30°	45°	60°	75°	90°
K	1.00	0.53	0.29	0.15	0.10	0.04	0.02
f	1.00	0.98	0.92	0.83	0.72	0.61	0.50
$\varphi(i_s)$	0.43	0.56	0.70	0.82	0.92	0.98	1.00

当 $i_s>60°$时，也可利用零值点特征线段来求解，其计算公式为：

$$R=\frac{\sqrt{2}}{2}[pq-0.11(p-q)^2]^{1/2},x_{max}=\frac{p-q}{10} \tag{3-4-14}$$

式中，p、q 分别为异常极大值对应的横坐标点至两侧零值点坐标间的特征线段。

利用式(3-4-14)求得 x_{max}长度后，由极大值对应的横坐标点间极小值一侧取 x_{max}的长度便定出原点位置。也可用 $T_{a,max}$所对应的横坐标确定原点(即球心在地面上投影点的位置)。厚板状体 Z_a 异常曲线分解及特征线段如图 3-4-10 所示。

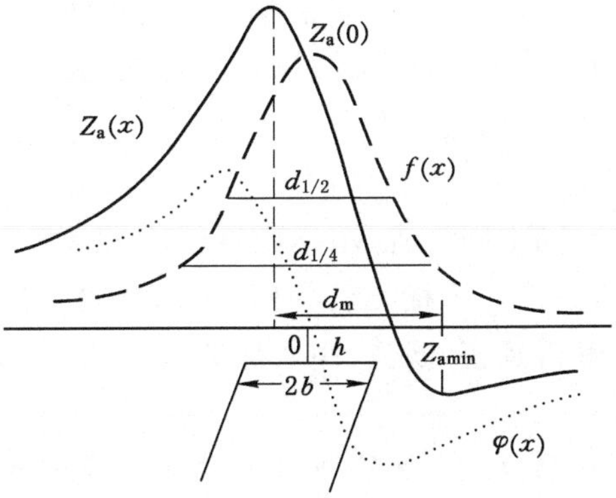

图 3-4-10　厚板状体 Z_a 异常曲线分解及特征线段

（二）切线法

切线法是利用磁异常曲线特征点(如极值点、拐点)切线之间交点坐标关系来计算磁性体产状要素的方法。其实质是求出不同形状磁性体磁场解析式的特征点与形体参量的关系式，再从异常曲线上读取特征值并代入关系式求得反演结果。

如图 3-4-11 所示，在 Z_a 曲线极大值两侧的拐点处分别做出两条切线，这两条切线与过极值点的切线(倘若无极小值的情况出现，就用 x 坐标轴来替代过极小值的切线)之间共存在四个交点，它们的横坐标分别是 x_0、x'_0 和 x_m、x'_m。那么，用于求埋深的经验公式为：

$$h=\frac{1}{2}\left[\frac{1}{2}(x_0-x_m)+\frac{1}{2}(x'_m-x'_0)\right] \tag{3-4-15}$$

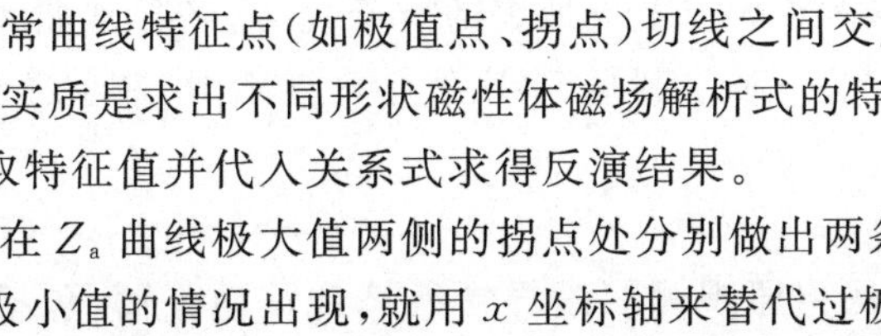

图 3-4-11　经验切线法

使用理论曲线实际计算结果显示：经验切线法对顺层磁化且无限延伸的板状体(当 $b=h$ 时)、垂直磁化且有限延伸的直立板状体(当 $b=h,2l<h$ 时)的效果较好，但对三度体和其他二度体的效果较差。为提高计算精度和多参量求解，提出了各种形体及斜磁化条件下

带校正系数的切线法。

（三）沃纳(Werner)反褶积方法

由大量磁测资料可确定磁性基底埋深及构造形态，人工解释法的劳动强度大且主观，这促使了计算机自动计算方法的运用。

哈特曼(Hartman)等提出的沃纳反褶积方法是对沃纳1953年所提方法的拓展，最初用于分析瑞典矿化岩墙，现在的应用更全面，利用的是总场强度曲线、垂直梯度剖面、水平梯度剖面。其基本模型包括无限下延的直立或倾斜薄板及接触带，通过总场强度解读薄板异常、水平梯度解释接触带等，以薄岩墙模型将复杂非线性问题转化为线性问题，变形简化公式构建线性方程组，求解未知中间变量，获取地质体相关参数，逐次加宽沃纳算子宽度并用不同异常曲线计算，绘制基底埋深及构造形态图。

（四）磁异常的转换处理

由于实测异常通常由不同空间位置、不同磁性体磁异常叠加而成，且依地质任务不同有有用异常和干扰异常之分，为消除干扰凸显有用异常，要对实测磁异常进行处理，常用处理方法有数据网格化、圆滑、解析延拓、滤波、高次导数法等。

1. 数据网格化

在实践中，因客观原因，部分测点无法测量导致实测点分布不均，而异常处理要求数据均匀分布，所以要将不规则实测数据换算为规则网格节点数据，即数据网格化，其本质是对不规则数据点插值，常用克里金方法。

2. 磁异常圆滑

由于存在测量误差、改正误差及近地表随机干扰等，磁异常曲线常呈无规律锯齿状，解释前须进行圆滑处理，方法有徒手圆滑、多次线性内插圆滑、最小二乘圆滑等，与重力勘探中的圆滑方法相同。

3. 延拓

延拓指通过数学方法将原观测面磁异常换算到其他平面，包括向上延拓和向下延拓。向上延拓常用，能削弱局部干扰异常，反映深部异常，压制浅部矿体异常，突出深部盲矿体的低缓异常。

以内蒙古某地磁力勘探普查超基性岩为例，该地浅部有一层不厚玄武岩，可致磁场强烈跳动。为压制干扰，将磁场向上延拓100 m，从图3-4-12中可见，向上延拓的磁场压制了玄武岩干扰，右侧反映了深部超基性岩磁场。

与向上延拓相反，向下延拓时随深度加大，浅部干扰或误差会迅速增大致曲线跳动甚至振荡无法利用，所以常将圆滑和延拓配合，向下延拓前要对异常做圆滑处理。如图3-4-13所示，向下延拓可处理旁侧叠加异常，磁性体埋深越大，异常越宽缓，剖面越接近磁性体，磁异常范围越接近磁性体边界。

4. 导数换算

重磁异常的导数能突出浅小地质体异常特征，压制区域性深部地质因素影响，可划分叠加异常。导数次数越高，分辨能力越强，因阶次越高，异常随中心埋深加大而衰减越快。重磁高阶导数能划分相邻且埋深相近地质因素引起的叠加异常。其示例如图3-4-14所示。

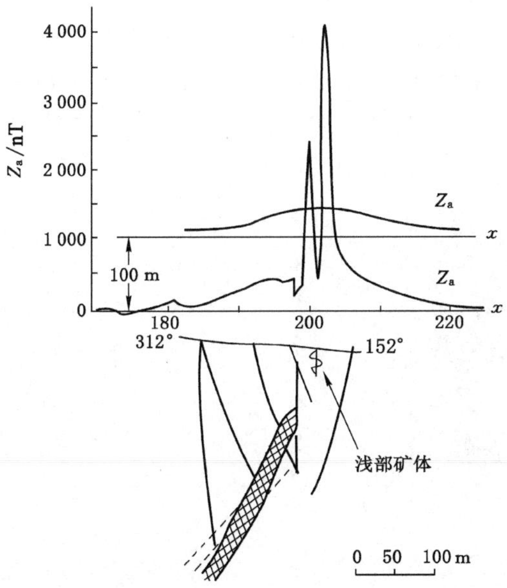

图 3-4-12　向上延拓

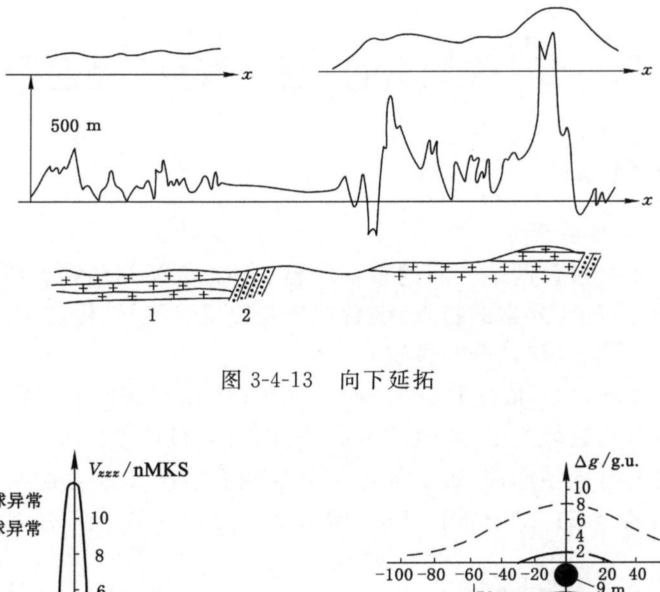

图 3-4-13　向下延拓

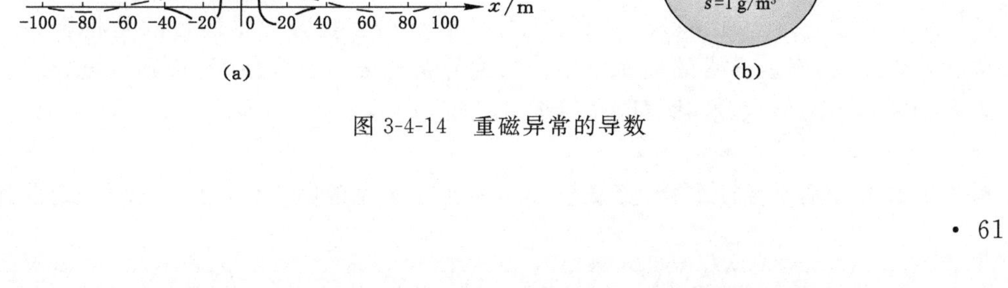

图 3-4-14　重磁异常的导数

5. 化极处理

在垂直磁化条件下，磁异常形态和磁性体关系简单，便于地质解释。但我国处于中纬度地区，磁性体受斜磁化影响，异常有正、负部分，关系复杂，解释难度大。解决办法之一是将“斜磁化”通过数学换算转变为“垂直磁化”，此过程相当于将磁性体移到地磁极处，称为“化向地磁极”，简称“化极”，示例如图 3-4-15 所示。

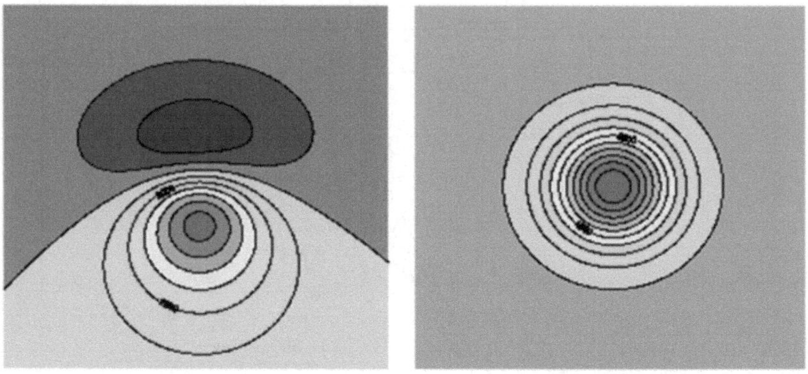

(a) 磁化倾角为 45°时　　(b) 磁化倾角为 90°时

图 3-4-15　磁化倾角分别为 45°和 90°时球体的磁异常图

第五节　磁异常的推断解释及广泛应用

一、磁异常的推断解释

（一）磁异常的定性解释

磁异常的定性解释包含两个方面的重要内容。一方面是初步探究磁异常出现的地质成因；另一方面是根据实测磁异常的特点，结合地质特征，运用磁性体与磁场的对应规律，大致准确推断磁性体的形状、产状及分布情况。

(1) 对磁异常进行分类，依据磁异常特点（如极值、梯度等）、地质状况和物探地质任务综合考虑。区域异常与区域构造、岩浆岩分布等有关；局部异常与矿床、矿化、小磁性侵入体等有关。为弄清楚异常地质原因，区域异常可结合地质情况细分为强度大起伏显著分布广和强度小变化不明显分布广的异常；局部异常可结合控矿因素分为有重要价值的异常和非矿异常。

(2) 由“已知”到“未知”。根据磁性参数，将磁异常与地质构造、矿体等深入对比，寻找异常与矿体、岩体或构造的对应规律，明确异常的地质原因，为相同条件的未知区域异常解释提供科学有效指导依据。

(3) 针对异常进行全面、深入、细致的分析。深入分析探究异常的目的是将岩石磁性和地质情况合理结合，确定异常的地质原因。研究异常时要留意其位置、规则程度、叠加特点，同时大致判断场源的形状、产状、延伸、倾向等情况。

（二）磁异常的定量解释

通常定量解释基于定性解释，定量解释结果能补充完善初步地质解释成果，定性和定量解释相互辅助促进且无严格界限。定量解释目的在于根据磁性地质体参量和地质规律判断场源性质；提供磁性地层或基底几何参量变化关系以推断地下地质构造；给出磁性地质体位置、埋深、倾向等以规划探矿工程。定量解释方法应选简单便捷、精度高、适用广、抗干扰、前提少、能自动检验修正反演结果的方法，以确保定量解释准确有效，为地质研究和探矿工作提供支持保障。

二、磁异常的广泛应用

（一）磁异常在区域和深部地质调查方面的应用

1. 区分不同的岩性区域并界定岩体范围

磁异常由地质体磁性差异引发，与地质体空间分布、形状、产状和磁性直接相关。理论和实践表明：磁异常位置和轮廓大致反映地质体位置和轮廓；磁异常轴向通常体现地质体走向；地质体出露且埋深浅、磁性不均会致异常起伏；磁异常强度和分布范围随地质体埋深而变化。圈定岩体和划分岩性区时要留意岩石地质分布特性、磁性变化规律、磁场特点和磁性体磁化特性等。

（1）基性与超基性侵入岩含有较多铁磁性矿物，出露地表或埋藏较浅时会在地面引发数千纳特的强烈磁异常，因磁性矿物含量分布不均，磁异常曲线会出现一定程度的跳跃现象。基性-超基性岩的磁异常示例如图 3-5-1 所示。

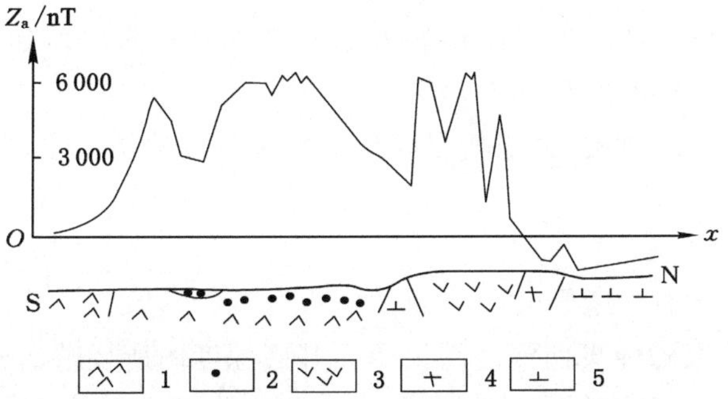

1—碳酸盐化超基性岩；2—辉橄榄岩；3—橄榄岩；4—花岗岩；5—闪长岩。

图 3-5-1 基性-超基性岩的磁异常示例

（2）玄武岩体的磁异常值变化大，常见数千纳特的强异常，有锯齿状剧烈跳跃的特点。

（3）闪长岩常具中等磁性，出露岩体可引起 1 000 至 3 000 纳特磁异常，磁性不均时曲线有不同程度的跳跃现象，磁性均匀时跳跃幅度小。其相关示例如图 3-5-2 所示。

（4）花岗岩类岩石磁性较弱，多数出露岩体会产生数百纳特磁异常，少数可达数千纳特。有时花岗岩有不同岩相带，边缘相磁场强度较高。花岗闪长岩磁异常比花岗岩的高，与闪长岩磁异常较接近。

（5）沉积岩大多磁性微弱，磁场平静单调。但部分沉积岩因含少量磁铁矿物或特殊矿物会出现磁异常甚至负磁异常。有的盐丘因组成矿物具反磁性会产生数十纳特负磁异常。

（6）由沉积岩形成的变质岩一般磁性微弱，磁场平稳；由火山岩形成的变质岩异常与中酸性岩体相近；含铁石英岩常形成有明显走向的强磁异常。

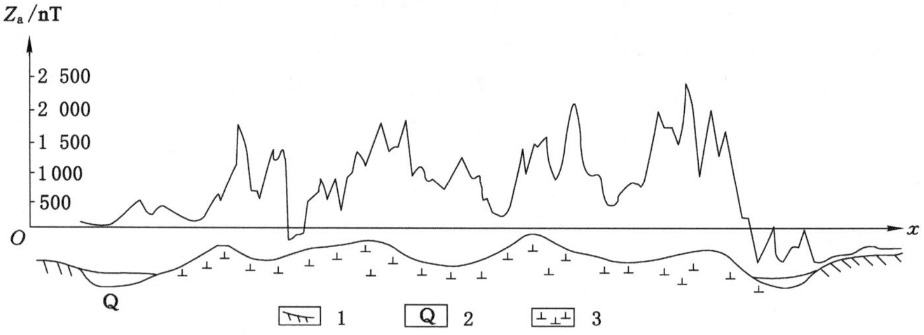

1—变质岩；2—第四系；3—闪长岩。

图 3-5-2 磁性不均匀闪长岩的磁异常示例

2. 推测断裂、破碎带以及褶皱的情况

推断断裂、破碎带及褶皱的磁异常特征多样，主要分为以下几种情况：

(1) 高值带状异常通常是由于沿断裂处有磁性岩脉充填；

(2) 串珠状异常意味着沿断裂方向的岩浆活动不均匀；

(3) 雁行状异常带则是因为断裂破碎带范围较大，构造应力复杂，包含垂直、水平变化和扭转现象，从而形成雁行排列的岩浆活动通道；

(4) 低值或负的异常带产生于磁性岩石断裂且无岩浆活动伴随，尤其是当断裂破裂现象显著时，会因磁性变化而出现这种异常带；

(5) 对于规模较大的断层，由于断层两盘发生了明显的相对位移，会导致异常沿轴向发生明显变化。

3. 圈定并划分成矿区

(1) 圈定和划分含油气远景区

根据磁测资料获取磁性界面深度图可研究基底深度图所反映的构造形态。通常一旦有宽阔深凹陷就有形成油气藏的可能，深凹陷内有相对隆起一般为成油气有利地段。以构造条件为主导的远景评价方法在多个工业油气藏盆地中应用且很成功，如在松辽盆地划分出大庆长垣，在渤海地区、江汉地区也取得肯定效果。

(2) 圈定和划分金属成矿区

岩浆、构造和地层是金属矿主要控制条件。区域性地质构造很关键，控制成矿区、带、田以及矿床位置。断裂带是岩浆活动通道，断裂交叉处有成矿可能。内生矿床评价中岩浆和构造条件是主要因素；海相沉积矿床评价时地层及构造为主要考量因素。

(二) 磁法勘探在油气勘探中的应用

大多数沉积岩几乎都是无磁性的，而下伏火成岩和基岩通常是弱磁性的。根据磁性资料确定了基岩的深度，也就确定了沉积物的厚度。因基底面起伏能在上覆沉积岩中形成有利于油气聚集的构造起伏，确定基岩的起伏能为油气勘探提供有用资料。

磁测不仅能解决油气盆地内有关磁性基底的起伏、断裂、岩性等区域地质问题，还可通过对局部异常的提取和研究，圈定盖层中的局部构造。

图 3-5-3 所展示的是在低磁场背景上有局部升高异常所反映出的 TAD 长垣。磁性体

处于3～5 km深度范围，该长垣为中生界沉积构造。在其轴部钻井，井深4 188 m处发现上侏罗统有磁性的安山岩及玄武岩，厚度达104 m。

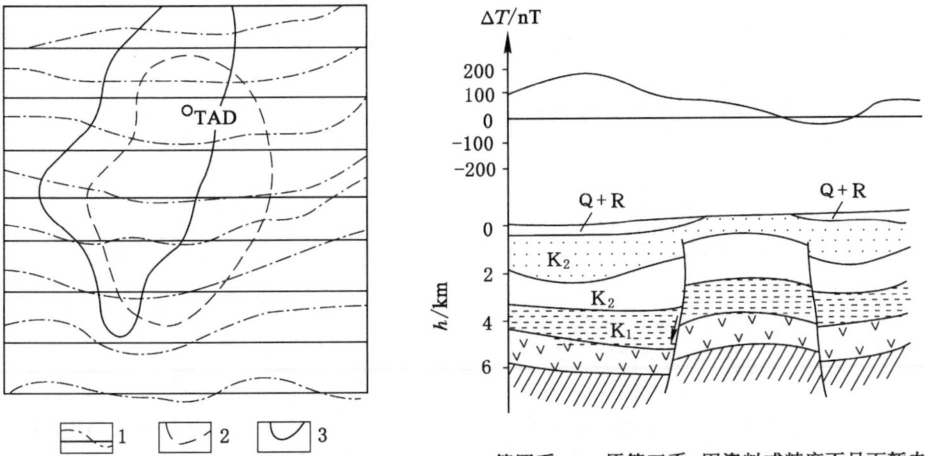

1—剖面图；2—航磁圈定构造；3—地震圈定构造。

(a) 剖面平面图

Q—第四系；R—原第三系，因资料或精度不足而暂未细分；K—白垩系。

(b) ΔT剖面

图 3-5-3 TAD长垣在磁场上的反映

（三）固体矿产勘探中磁法勘探的应用情形

磁法勘探在固体矿产勘查中有直接找矿和间接找矿两方面作用。直接找矿方面，能发现磁铁矿床并解决勘探问题，确定矿体深度、产状要素等，我国已有多个成功实例。间接找矿方面，主要查找与成矿有关的控矿因素，利用共生关系找矿也属于间接找矿。用磁法勘探寻找磁铁矿床的效果明显，在寻找其他类型金属与非金属矿床时虽多为间接找矿，但也起到重要作用。

1. 寻找各类铁矿床

我国的铁矿主要涵盖以下几种类型：变质岩中的铁矿、中酸性侵入体与碳酸盐岩接触带中的铁矿、火山岩中的铁矿以及基性侵入岩中的铁矿等。

（1）变质岩中的铁矿

变质岩中的铁矿为鞍山式铁矿，磁铁矿石感应磁化强度在0.03～0.2 A/m范围内，围岩变质岩磁化率小，二者差异显著。矿体露出地表时磁异常有明显峰值，强度高达上万纳特。航空和地面磁测异常是找此类矿床的有效标识，地磁异常呈条带状且走向清晰。

（2）中酸性侵入体与碳酸盐岩接触带中的铁矿

中酸性侵入体与碳酸盐岩接触带中的铁矿，产于中酸性侵入体（如闪长岩、花岗闪长岩等）与碳酸盐岩（如石灰岩、泥质灰岩等）接触带及其附近，附近常见夕卡岩。中酸性侵入体有磁性且易产生明显磁异常，碳酸盐岩无磁性，过渡带上叠加的次级磁异常是找矿标志。

如图3-5-4所示，河北A地通过航磁图发现异常后经地面磁测、定性分析、定量计算、正演计算及钻探验证，最终确定异常由磁性铁矿引起。矿体为多层密集排列，因埋藏深可近似看作球体，1∶5 000比例尺地面磁测圈定了一个最大值为350 nT的低缓异常，见图3-5-5。

（3）火山岩中的铁矿

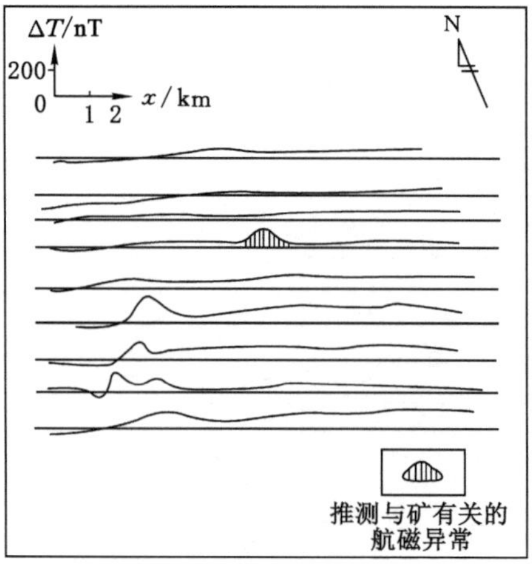

图 3-5-4　河北 A 地磁铁矿上的航磁异常

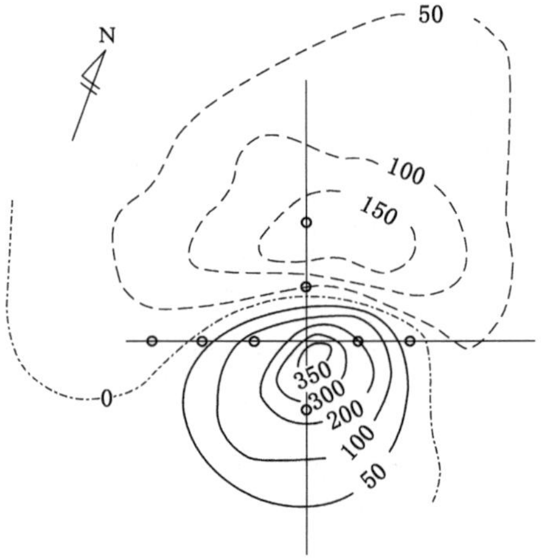

图 3-5-5　河北 A 地磁异常平面图(单位:nT)

我国梅山式铁矿存在于火山岩中,分为两大类型:一是玢岩侵入火山岩,集中在火山岩断陷盆地中部,矿石以磁铁矿为主;二是玢岩侵入盆地基底层,散布在火山岩断陷盆地边部或隆起断块中,矿石以假象赤铁矿为主。通常火山岩磁性比磁铁矿弱,因火山岩磁场可能干扰,采用 1∶5 万或 1∶2.5 万比例尺航磁可发现铁矿异常情况,如江苏某铁矿处在辉长闪长玢岩和黑云母安山岩接触带内,是此类铁矿的典型代表。

(4) 基性侵入岩中的铁矿

当地槽褶皱期结束或地台活化时,基性岩沿深大断裂侵入生成钒钛磁铁矿。矿石磁性极强,基性岩也有磁性但与矿石仍有差别。即便如此,仍可依靠不同异常特征,通过磁测准确圈定岩体和矿床。

2. 寻找其他金属矿与非金属矿

(1) 铜矿和铜镍矿

在矿产勘探中,磁测技术能发挥关键作用,对多种矿产资源探寻成效显著。铜矿勘查分两类,一类是含铜磁铁矿床,通过磁测找铁可间接确定铜的存在,如湖北某区域经航磁探测在强磁异常旁侧次级低缓磁异常区发现含铜磁铁矿;另一类是夕卡岩型铜矿和超基性岩中的铜镍矿局部存在磁铁矿或磁黄铁矿,磁测有效但难以精确圈定矿体范围,如甘肃某铜镍矿产于超基性岩中,矿石富含磁黄铁矿,磁化率高于超基性岩,经航磁探测和地磁检查发现该异常,推测有平推断层,通过钻探在异常区域 50～100 m 深度内发现岩体和矿体,已成为我国重要的大型铜镍矿产地之一。

(2) 多金属矿与锡矿

在多金属矿和锡矿勘查中,多金属矿的夕卡岩型矿床常含磁铁矿或磁黄铁矿,磁测效果较好。如河北某地多金属矿产于石英斑岩与震旦系外接触带中,航磁异常为局部异常,地面验证指出强磁异常由磁铁矿化夕卡岩引起,低缓磁异常源自深达 100 m 以下以钼为主的多金属隐伏矿床。锡矿区普遍存在磁黄铁矿化现象,分布广、发育程度高。例如,大厂长坡矿区地质-磁性模型反映了地质构造控制特点,以此指导磁异常解释并建立推断关系图,依据推断结果设计钻孔,从而成功发现大中型锡矿床。

(3) 铬铁矿

铬铁矿一般产于超基性岩中，超基性岩磁性较强，可通过磁测圈定超基性岩体。能否区分矿体异常取决于矿体与岩体磁性差异。如在云南某地，铬铁矿出现在浅变质岩中，铬铁矿磁性强，围岩磁性弱，该区域出现数百纳特磁异常，依据磁异常找矿见矿率达50%以上。

(4) 基性与超基性岩中的石棉矿

基性与超基性岩中的石棉矿与基性、超基性岩成因密切相关，因基性、超基性岩有磁性，可通过磁测圈定岩体间接指出石棉矿赋存位置。在辽宁某地层区震旦纪厚层灰岩的平静磁场中出现北西向规则磁异常带，强度在150～300 nT之间，呈狭长带状且梯度大，工区南部构造复杂，Ⅱ号异常走向变化由断层错动导致，经多个钻孔证实，该磁异常带由与石棉矿共生的辉绿岩引起。

(5) 铝土矿

在苏联，对利用磁测寻找铝土矿进行了大量研究。其铝土矿床分为风化壳型、复成型以及古地台、新地台和地槽褶皱区沉积型等多种类型，其中地台型的磁测效果最为理想。

(6) 硼矿

辽宁某地硼矿存在于太古宙变粒岩层夹持的大理岩中，有含磁铁矿的硼镁石矿体和硼镁石-硼镁铁矿矿体两种类型。磁铁矿-硼镁石矿磁化率为(10 000～15 000)$\times 4\pi \times 10^{-5}$ SI，硼镁石矿体无磁性，可利用与硼镁石有空间成因关系的磁铁矿通过磁测找矿。对已知矿体研究判断发现，异常由含磁铁矿的硼镁石矿体引起，验证后在11～15 m深度内发现规模较大的硼矿体。

(7) 金、铂、金刚石、钨等砂矿

在对金、铂、金刚石、钨等砂矿进行普查时，可运用地球物理方法圈定隐伏古河床等重矿物堆积地段。这些地段常存在磁铁矿，普查隐伏砂矿常采用垂向电测深法确定基岩表面起伏，若在基岩埋深最大地段或古阶地检测到磁场增强，可推测存在磁性矿物。

练习与思考题

1. 名词解释：磁法勘探、地磁场、地磁要素、偶极子磁场、非偶极子磁场、磁场强度、感应磁化强度、剩余磁化强度、总磁化强度、基点改正、日变改正、零点改正、正常地磁场、磁异常。

2. 磁法勘探与重力勘探在理论基础和工作方法方面有何异同？

3. 引起磁异常的主要影响因素有哪些？

4. 磁法主要针对的地球物理参数有哪些？可以探测哪些工程地质体的存在？

5. 请分析地磁场由哪几部分构成。

6. 什么是总磁场异常？说一说 $\Delta \boldsymbol{T}$ 的物理意义及与 $\boldsymbol{Z}_a$、$\boldsymbol{X}_a$、$\boldsymbol{Y}_a$ 三个分量的关系。

7. 简述岩(矿)石磁性特征及其影响因素。

8. 简述质子磁力仪的工作原理。

9. 什么是有效磁化强度、有效磁化倾角？定性画出有效磁化倾角 $i_s=0°,30°,45°,90°$ 时，水平圆柱体 $\Delta \boldsymbol{T}$ 磁异常的剖面曲线。

10. 为什么对倾斜磁化磁异常要做“化到地磁极”的处理？

11. 举例说明磁法勘探在区域和深部地质调查、油气和固体矿产等方面的应用。

第四章 电法勘探

电法勘探是以岩(矿)石之间的电性差异为基础,通过观测和研究与电性差异有关的天然(或人工)电场或电磁场的分布特点和变化规律,来查明地下地质构造或寻找矿产资源的一类地球物理勘探方法。

电法勘探具有可利用的物性参数多、场源多、方法种类多、应用空间与范围广的特点。

电法勘探有多种分类方法。按场源性质分类,可分为人工场法(或主动源法)、天然场法(或被动源法);按地质目标分类,可分为金属与非金属矿电法、石油与天然气电法、水文与工程地质电法与煤田电法;按观测空间或工作场所分类,可分为航空电法、地面电法、地下电法;按电磁场的时间特性分类,可分为直流电法(或时间域电法)、交流电法(或频率域电法)、过渡电场法(或瞬态场法);按产生异常电磁场的原因分类,可分为传导类电法和感应类电法。

第一节 电法勘探的理论基础

电法勘探指利用导电性、导磁性、电化学活动性和介电性等电学性质来研究目标体与周围介质的电性差异。当目标体与周围介质的电性差异较大时,其周围空间电(磁)场的变化就会更加显著。通过观测地壳周围电(磁)场的变化并研究电(磁)场分布规律,可以推断地下目标体(如地质构造、有用矿产等)的电性特征和赋存状态。

一、岩石和矿石的导电性

岩(矿)石间的电阻率差异是电阻率法的物理前提。电阻率是描述物质导电性能的一个非常重要的电性参数。电阻率在数值上等于电流垂直流过单位横截面积、单位长度导体的电阻,故电阻率 ρ 的单位为 Ω · m(欧姆 · 米)。岩(矿)石的电阻率越低,导电性越好;反之,岩(矿)石的电阻率越高,导电性越差。电导率是电阻率的倒数。

(一) 固体矿物的导电性

按照导电机制可将固体矿物分为三种类型:金属导体、半导体和固体电解质。

各种天然金属均属于金属导体,较重要的天然金属有自然金和自然铜,其电阻率值均很低,自然金的电阻率约为 2×10^{-8} Ω · m,自然铜的电阻率约为 $1.2\times10^{-8}\sim3\times10^{-7}$ Ω · m。此外,像石墨这种具有某些特殊性质的电子导体的电阻率也很低,其值小于 1×10^{-6} Ω · m。

大多数金属矿物均属于半导体。其电阻率值都高于金属导体,并有较大的变化范围($10^{-6}\sim10^{6}$ Ω · m)。大多数常见的金属硫化物(黄铜矿、黄铁矿)和某些氧化矿物(磁铁矿)的电阻率值均较低,具有良好的导电性。另一些金属硫化矿物和氧化矿物,如辉锑矿、闪锌矿、赤铁矿、铬铁矿等,他们的电阻率值均较高。

上述金属导体和半导体的导电作用都是通过其中某些电子在外电场作用下的定向运动来实现的，它们均为电子导体。

绝大多数造岩矿物（如辉石、长石、石英、云母和方解石等），均属于固体电解质，其电阻率值都很高（大于 10^6 Ω·m），在干燥情况下可视为绝缘体。固体电解质的导电载流子为填隙离子或空格点，它们属于离子导体。

（二）岩（矿）石电阻率及其影响因素

自然界岩石的电阻率主要是由矿物成分、结构、孔隙度、含水量、所含水的矿化度、温度等因素决定的。影响岩石、矿石电阻率的因素众多，各种岩（矿）石电阻率的变化范围很大。

1. 岩（矿）石电阻率与其成分和结构的关系

岩石和矿石的电阻率主要受其成分和结构的影响。岩石可以看作由胶结物（如岩石矩阵）和各种形状、大小不一的矿物颗粒组成。胶结物和矿物颗粒的电导率、形状和含量决定了岩石整体的电阻率。岩石中含造岩矿物多，其电阻率就高。当岩石中有少量良导电矿物且良导电矿物彼此不相连分散于岩石中，或虽含有较多良导电矿物，但被高电阻矿物所包围时，岩石的电阻率仍然很高。当岩石含少量良导电矿物时，只要它们彼此相连、呈网状或片状分布，岩石的电阻率就会变得很低。

2. 岩（矿）石电阻率与所含水分的关系

大多数岩石都含有孔隙水，这些水分布于岩石中的微小孔隙中，并且通常是相互连通的。水的导电性会显著降低岩石的电阻率。孔隙结构对水的分布和连通性有着重要影响，当孔隙连通性较好时，水分对岩石电性的影响更显著；相反，在孔隙分布不连通（如气孔或空穴）的情况下，即使充满水分，其对整体电阻率的影响也较小。此外，节理或裂隙型孔隙具有明显的方向性，沿着节理或裂隙方向的电阻率较低，而垂直方向则较高。

地下水的矿化度变化范围广泛，由淡水（矿化度小于 1 g/L）到咸水（矿化度大于 10 g/L），水中盐分含量越高，其电阻率越低。因此，不同类型的水体具有显著不同的电阻率。这说明，即使是成分和孔隙度相同的岩石，埋藏在不同地下水环境中，其电阻率也会有所不同。

3. 岩（矿）石电阻率与温度的关系

不同类型的岩石和矿石中的导电矿物对温度的响应不同。一般而言，电子导电矿物的电阻率随温度的升高而增大，而离子导电岩石的电阻率随温度升高而减小。

此外，含水岩石的电阻率与其岩石学特征、地质年代有某些间接关系，因为这两者对岩石的孔隙度或储水能力以及水分的含盐量都有影响。通常情况下，海相碎屑岩的孔隙度较高，电阻率相对较低，化学沉积岩含水较少，其电阻率最高。年代越老的岩石胶结程度和致密程度越高，因而孔隙度和储水能力越低，电阻率越高。

二、岩石和矿石的自然极化和激发极化特性

一般情况下物质都是电中性的，即正、负电荷保持平衡。但是，某些岩石（或矿石）在特定的自然条件下，在岩石中产生的各种物理化学过程作用下，岩石可以形成面电荷和体电荷。岩石的这一性质称为岩石极化。岩石极化分为两种类型，即自然极化和激发极化。

（1）自然极化是由不同地质体接触处的电荷自然产生的（表面极化），或由岩石的固相

骨架与充满空隙空间的液相接触处的电荷自然产生的(两相介质的体极化)。

(2) 激发极化,是在人工电场作用下产生的极化。由岩石自然极化和激发极化产生的面电荷和体电荷可形成自然电场或激发极化电场。

三、表征岩石和矿石介电极化的参数

在交变电场电法勘探中,岩石和矿石的电性除显示出与电阻率有关的传导电流外,还显示出与介电常数 ε 有关的“位移电流”。

大多数造岩矿物的相对介电常数均很小,且变化范围有限(4～12),金属矿物一般具有较大的相对介电常数 ε_r(十至数十)。纯水的 ε_r 较大,其值为 80,见表 4-1-1。然而,一些氧化物、硫化物和碳酸盐的 ε_r 值可达 20～170。对于广泛分布的岩石,尤其是沉积岩,其介电常数主要受含水性的影响,且水分子的张弛极化是介电极化的重要原因。只有对于坚固和干燥的岩石,矿物成分才成为影响介电常数值的重要因素。

表 4-1-1　20 T 条件下岩石、矿石及其他介质的相对介电常数

矿物	ε_r	岩石	ε_r
石英	4.2～5.5	火成岩	7～15
长石	4～10	变质岩	5～12
云母	5～8	沉积岩	—
氯化物	5～6	石灰岩	8～12
硫化物	8～17	砂岩	5～11
石油	10～30	砂(此处指天然砂粒)	3～25
水	80	泥岩	4～30

注:频率范围是 10～10^7 Hz。

火成岩的相对介电常数 ε_r 的变化范围为 7～15,在超基性岩石和基性岩石中其 ε_r 相对偏高,而在酸性岩石中其 ε_r 较低。变质岩的 ε_r 在 5～12 范围内变化,而沉积岩 ε_r 的变化范围较宽(3～30)。

四、岩石和矿石的导磁性

磁导率是物质对磁场的响应能力的量化描述。它衡量了物质在外加磁场作用下,集中磁力线的能力。磁导率通常用相对磁导率(也称为磁化率)来表示,是指物质相对真空或空气的磁场传导能力的比值。

在矿物学和地质勘探中,磁导率的重要性不可忽视。大多数矿物和岩石的相对磁导率非常接近 1,表示它们对磁场的响应较弱。然而,一些含有铁磁性矿物的岩石或矿石,如磁铁矿、磁黄铁矿和钛铁矿,具有明显高于 1 的相对磁导率,这些矿物在外加磁场下会显著地集中磁力线。

在地球物理探测中,利用磁导率的差异可以帮助确定地下的磁性特征,如探测铁矿床或评估地质构造中的磁异常。与电导率方法相比,利用磁导率进行探测通常受到较小的干扰,这是因为大多数岩石和矿石的磁导率接近且稳定,不易受到周围环境的影响。

第二节　电阻率法

电阻率法是一种传导类电法勘探技术，利用岩石或矿物之间的电导率差异来探测地下结构和资源。通过分析自然或人工电场的分布规律，揭示不同地质体的电阻率特征，以实现地下地质构造和矿产资源的探查。

一、电阻率法的理论基础

（一）稳定电流场的基本规律

导电介质中的稳定电流场满足以下定律，现讨论其微分表示形式。

1. 微观欧姆定律

稳定电流场满足欧姆定律，其微分形式是：

$$\boldsymbol{j}=\frac{\boldsymbol{E}}{\rho} \tag{4-2-1}$$

式(4-2-1)表明，稳定电流场中任意一点的电流密度 $\boldsymbol{j}$ 与该点场强 $\boldsymbol{E}$ 成正比，与介质的电阻率 ρ 成反比。式(4-2-1)既适用于均匀介质，也适用于非均匀介质。这是因为在非均匀的情况下，总能选取一个足够小的体积元被视为均匀介质。

2. 克希霍夫定律

在稳定电流场中，任取一个不含源的闭合曲面 $\boldsymbol{S}$，流入其中的电流密度通量一定等于从中流出的电流密度通量。或者说，在稳定电流场中，流过任何一个闭合曲面 $\boldsymbol{S}$ 的电流密度通量均等于零，即

$$\int \boldsymbol{S}\boldsymbol{j}_{\mathrm{n}} \cdot \mathrm{d}\boldsymbol{S}=\boldsymbol{0} \tag{4-2-2}$$

式中，$\boldsymbol{j}_{\mathrm{n}}$ 为电流密度对闭合曲面的法线分量。

式(4-2-2)就是稳定电流场的线性方程。

将式(4-2-2)转化成微分形式，即

$$\int \boldsymbol{S}\boldsymbol{j}_{\mathrm{n}} \cdot \mathrm{d}\boldsymbol{S}=\int_{V}\mathrm{div}\ \boldsymbol{j}\,\mathrm{d}V \tag{4-2-3}$$

式中，V 为封闭曲面 $\boldsymbol{S}$ 所包围的体积。

由式(4-2-2)和式(4-2-3)可得：

$$\mathrm{div}\ \boldsymbol{j}=\boldsymbol{0} \tag{4-2-4}$$

由于散度表示场量在其方向上的空间变化率，所以电流密度散度等于零表明电流是处处连续的。

3. 稳定电流场的势场性

在稳定电流场中，电荷的分布不随时间而改变，场中任意一点的电位只与该点到场源的距离有关。单位距离上电位($\boldsymbol{U}$)的变化(即电位梯度)等于该点的电场强度，电位的降落方向表示场强的正方向，即

$$\boldsymbol{E}=-\mathrm{grad}\ \boldsymbol{U} \tag{4-2-5}$$

在直角坐标系中，式(4-2-5)也可以写成：

$$\boldsymbol{E}_x=-\frac{\partial \boldsymbol{U}}{\partial x}\quad;\quad \boldsymbol{E}_y=-\frac{\partial \boldsymbol{U}}{\partial y}\quad;\quad \boldsymbol{E}_z=-\frac{\partial \boldsymbol{U}}{\partial z}$$

4. 稳定电流场的基本方程

从上述稳定电流场所满足的基本定律出发，将式(4-2-1)和式(4-2-5)代入式(4-2-4)便可得到稳定电流场所满足的微分方程：

$$\mathrm{div}\left(\frac{1}{\rho}\mathrm{grad}\,\boldsymbol{U}\right)=\mathbf{0}$$

在均匀介质中，由于 ρ 为常数，所以上式可以写成：

$$\mathrm{div}(\mathrm{grad}\,\boldsymbol{U})=\mathbf{0}$$

或

$$\nabla^2\boldsymbol{U}=\mathbf{0}\tag{4-2-6}$$

式(4-2-6)为拉普拉斯方程式。它概括了稳定电流场所满足的基本定律，反映了稳定电流场的内在规律性。要使此方程获得唯一解，应附加一定的边界条件：

$$\begin{cases}\boldsymbol{U}_1=\boldsymbol{U}_2\\ \boldsymbol{j}_{1\mathrm{n}}=\boldsymbol{j}_{2\mathrm{n}}\end{cases}$$

它表明在稳定电流场中，电位处处有限且连续，在界面两侧，电流密度法线分量连续。

下文将要在电阻率法中讨论的名种理论曲线，就是针对各种地电模型，在不同的坐标系中求解上述偏微分方程得到的。

5. 点电源电场

在电法勘探中，为了建立地下电场，常使用两个供电电极将电流供入地下，然后在离供电电极一定距离的地方来观测场的分布。电极大小相对电极之间距离来说一般很小，因此可把电极视为一个点，并称为点电源。若当观测范围仅限于一个电极附近，而将另一个电极置于无穷远时，就构成了一个点电源的电场；当观测范围必须同时考虑两个电极影响时，便构成了两个点电源的电场。为了方便讨论，把地下无限半空间简化为均匀、各向同性介质，现给出一个点电源和两个点电源的电场分布特征。

一个点电源的电场分布特征：对于均匀、各向同性无限半空间地表，点电源场的电位分布距离与 r 成反比，其等位面是以点电源为中心的一系列同心圆，如图 4-2-1 所示。

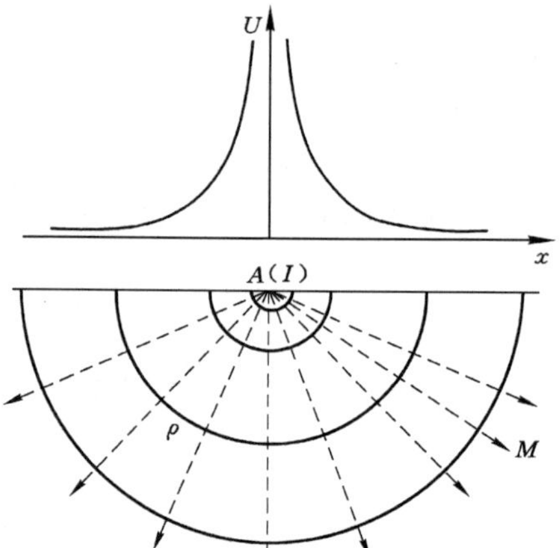

图 4-2-1　一个点电源的电场

两个点电源的电场分布特征：当地表有两个异性点电源供电时，根据电场的叠加原理，越靠近电极，电位变化越大。在 A 极附近，电位迅速增高；在 B 极附近，电位迅速下降。在 AB 中部电位变化较慢，在 AB 中点电位为零，如图 4-2-2 所示。

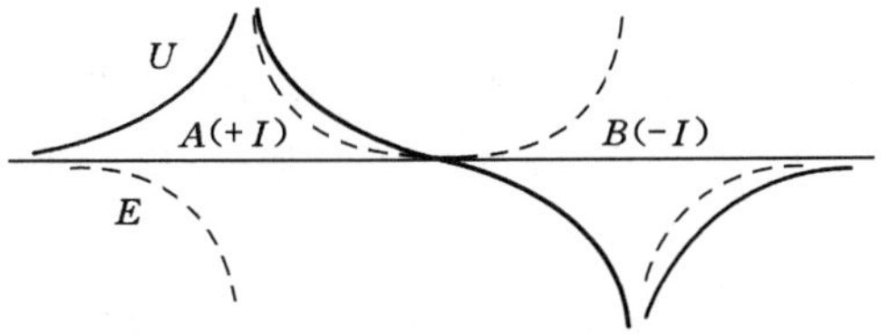

(a) 电位及电场强度曲线图

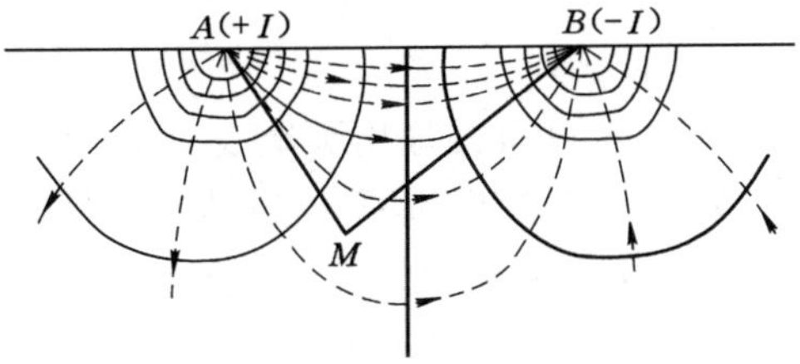

(b) 剖面图

图 4-2-2　两个异性点电源的电场(等电位面为实线，电流线为虚线)

(二) 电阻率公式及视电阻率

1. 电阻率公式

在电阻率法工作中，通常是在地面上任意两点用供电电极 A、B 供电，在另两点用测量电极 M、N 测定电位差(图 4-2-3)。

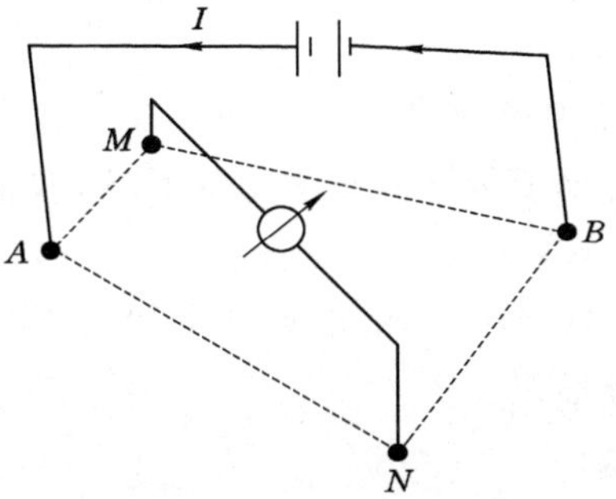

图 4-2-3　任意四极装置示意图

电阻率的计算公式：

$$\rho=\frac{2\pi}{\frac{1}{AM}-\frac{1}{AN}-\frac{1}{BM}+\frac{1}{BN}}\cdot\frac{\Delta V_{MN}}{I} \tag{4-2-7}$$

令

$$K=\frac{2\pi}{\frac{1}{AM}-\frac{1}{AN}-\frac{1}{BM}+\frac{1}{BN}} \tag{4-2-8}$$

则式(4-2-7)可变为：

$$\rho=K\,\frac{\Delta V_{MN}}{I} \tag{4-2-9}$$

式(4-2-9)是利用四极装置测定均匀各向同性无限半空间电阻率的基本公式。其中 K

称为装置系数(或排列系数),它是一个与各电极间的距离有关的物理量。在野外工作中,装置形式和极距一经确定,K 值便可计算出来。

获得岩石电阻率的方法之一,是用小极距的四极装置在岩石露头上进行测定,称为露头法。

2. 视电阻率

上面讨论并且推导出了地表水平、地下介质均匀且各向同性条件下的电阻率计算公式。然而,在实际条件下,地形地质情况比较复杂,地表起伏不平,介质呈各向异性且非均匀分布,电阻率往往是不均匀的。因此,计算所得电阻率并不是某一岩层的真电阻率,而是该电场分布范围内,地下各种电性不均匀体和地形起伏的一种综合反映,我们称其为视电阻率,并用符号 ρ_s 来表示。即

$$\rho_s = K\,\frac{\Delta V_{MN}}{I} \tag{4-2-10}$$

视电阻率实质上是在电场有效作用范围内各种地质体电阻率的综合影响值。只有在地下介质均匀且各向同性的情况下,ρ 和 ρ_s 才是等同的。由此可见,在电阻率法的实际工作中,一般测得的都是视电阻率。视电阻率虽然不是岩石的真电阻率,但可以根据所测视电阻率的变化特点和规律去发现和探查地下的电性不均匀体,达到找矿和解决其他地质问题的目的。

影响视电阻率的因素有:① 电极装置的类型和电极距;② 测点位置;③ 电场有效作用范围内各地质体的电阻率;④ 各地质体的分布状况,包括它们的形状、大小、厚度、埋深和相互位置等。

(三)电阻率法的微分表示及物理实质

为了揭示视电阻率变化与地下电场分布之间的关系,我们引入视电阻率与电流密度的关系式,也称为视电阻率的微分表达式。在地表不平、地下岩(矿)石导电性分布不均匀的条件下,当测量电极距 MN 很小时,MN 间的电场强度和电流密度均可视为恒定不变的常量。经推导得出了视电阻率的微分形式:

$$\rho_s = \frac{j_{MN}}{j_0}\cdot\rho_{MN}\,\frac{1}{\cos\alpha} \tag{4-2-11}$$

式中,j_{MN} 和 ρ_{MN} 分别表示 MN 处的电流密度和电阻率;α 为 MN 处地形坡角;j_0 为地表水平、地下为半无限均匀且各向同性岩石条件下的电流密度。

式(4-2-11)为起伏地形条件下,视电阻率的微分表达式。其应用条件是测量电极距 MN 较小。显然,如果地面水平,只是地下赋存有导电性不均匀体时,该式可简化为:

$$\rho_s = \frac{j_{MN}}{j_0}\cdot\rho_{MN} \tag{4-2-12}$$

在对视电阻率曲线进行定性分析时,经常用到式(4-2-11)和式(4-2-12)。

图 4-2-4 所示为三种不同的地电断面,若采用同样极距的四极装置,分别于地表测量视电阻率 ρ_s 时,将会得到不同的观测结果。图 4-2-4(a)中地下为均匀、各向同性的单一岩石,其电阻率为 ρ_1,此时测量电极 MN 附近的电流密度 $j_{MN}=j_0$,于是式(4-2-12)中的比值 $j_{MN}/j_0=1$,此时的视电阻率 ρ_s 等于围岩的真电阻率 ρ_1。图 4-2-4(b)所示是在电阻率为 ρ_1 的围岩中赋存一良导矿体,其电阻率为 ρ_2。良导矿体吸引"电流线",使电流汇聚于导体,使地表测量电极 MN 附近岩石中的电流密度 j_{MN} 小于均匀岩石条件下的正常电流密度 j_0,所

以式(4-2-12)中的比值$\frac{j_{MN}}{j_0}<1$,此时的视电阻率ρ_s小于围岩的真电阻率ρ_1。图 4-2-4(c)所示是在电阻率为ρ_1的围岩中赋存一局部隆起的高阻基岩,其电阻率$\rho_3>\rho_1$。高阻基岩向地表排斥电流,使测量电极 MN 附近岩石中的电流密度大于均匀岩石条件下的电流密度,所以式(4-2-12) 中的比值$\frac{j_{MN}}{j_0}>1$,此时的视电阻率ρ_s大于围岩的真电阻率ρ_1。

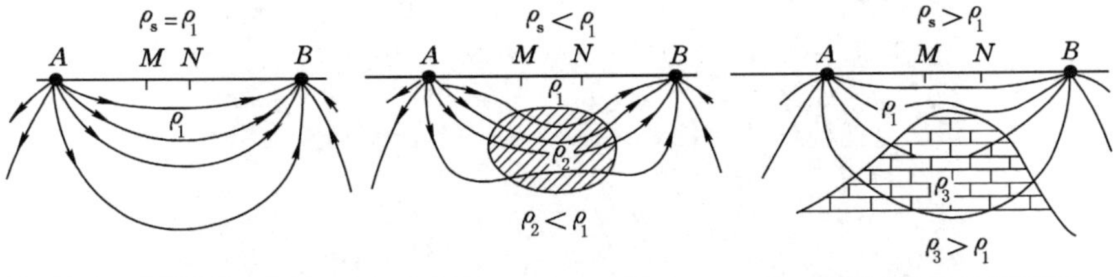

(a) 均匀岩石　(b) 围岩中赋存良导矿体　(c) 围岩中赋存高阻岩体

图 4-2-4　视电阻率与地电断面性质的关系

二、电阻率法的仪器及装备

在野外工作中,电阻率法测量仪器的任务是测量电位差 ΔV_{MN} 和电流 I,然后利用式(4-2-10)来计算各点的视电阻率。因此,为适应野外条件,仪器在性能上要满足能准确测量微弱电位差和电流的要求。对仪器的具体要求如下。

(一) 灵敏度高

仪器的灵敏度越高,测出的 ΔV_{MN} 值就越精确、可测准的 ΔV_{MN} 就越小。当 ρ_s 一定时,ΔV_{MN} 与电流 I 成正比,因此仪器灵敏度高可减小供电电流,便于减轻电源质量、减少供电电极数目及选用较细的导线,使装备轻便化。

(二) 较强的抗干扰能力

为保证电测仪器在野外工作中对有效信号的灵敏度和稳定性较高,电测仪器需要对大地电流、工业游散电流等电场的干扰有较强的抑制能力。

(三) 较高的稳定性

在野外工作中,电测仪器要在温度和湿度变化范围相当大的情况下保持性能的稳定,以适应各种气候条件。

(四) 输入阻抗高

除必须有较高的灵敏度、较好的稳定性、较强的抗干扰能力外,还必须有较高的输入阻抗,以克服因测量电极打入地下而产生的“接地电阻”对测量结果的影响。

我国电测仪器的发展经历了多年的技术进步与创新,业已形成了多种类型和应用领域的电测仪器。国内常用的电测仪器有 SYDS-1 型多电极电阻率仪、SSD-1 型直流电阻率仪、DDC-2B 型电子自动补偿仪、C-2 型微测深仪、ZWD-2 型直流数字电测仪及 MIR-IB 型多功能直流电测仪等。它们在不同的地质环境和勘探目标条件下,能够提供准确的数据,从而为资源勘探和地质研究提供重要的技术保障。

电阻率法的其他设备还有作为供电电极的铁棒,用作测量电极的铜棒、导线、线架,以及供电电源(45 V乙型干电池或小型发电机)等。SQ-3C双频激电仪主机如图4-2-5所示。

图4-2-5　SQ-3C双频激电仪主机

第三节　电剖面法

一、电剖面法的原理及应用领域

电剖面法是电阻率法的一种,它采用固定的电极距,沿水平(剖面)方向逐点观测地下某一深度范围内不同电性物质的分布情况。在测量过程中,整个装置或部分装置沿观测剖面移动,逐点测量得到视电阻率的值。

电剖面法在地球科学和工程领域有着广泛的应用。它可以用于地质构造分析,例如划分不同岩性的接触带、定位岩脉的走向和延伸范围,还可以追踪构造破碎带和地下水体的流动通道。在矿产资源勘探中,电剖面法可以帮助确定煤层的分布范围、矿体的位置和规模,对于工程地质评估,尤其在评估地下结构稳定性、探查溶洞和地下暗河等方面,电剖面法也能提供重要的可参考数据。此外,电剖面法还可以应用于环境监测,例如监测地下水位的变化和污染物的迁移路径,为环境保护和治理提供技术支持。

二、电剖面法

根据电极排列方式的不同,电剖面法又有许多变种,目前常用的有联合剖面法、中间梯度法和对称四极剖面法等。本节只对联合剖面法和中间梯度法进行讲解。

(一) 联合剖面法

1. 装置形式与电极距设计原则

联合剖面法由两个三级装置$AMN\infty$和∞MNB组合而成,其装置形式如图4-3-1所示。电源的正极可向A极,也可向B极,电源负极被置于无穷远C。A、M、N、B四个电极沿同一测线并以测点O对称布置。两个三极装置共同的无穷远极C沿测区基线(测线的中垂线)方向布置,与最近的测线的距离应大于AO的5倍。供电电极距(AO或BO)相当于5～10倍的覆盖层厚度,测量电极距$MN=(1/5\sim1/3)AO$。

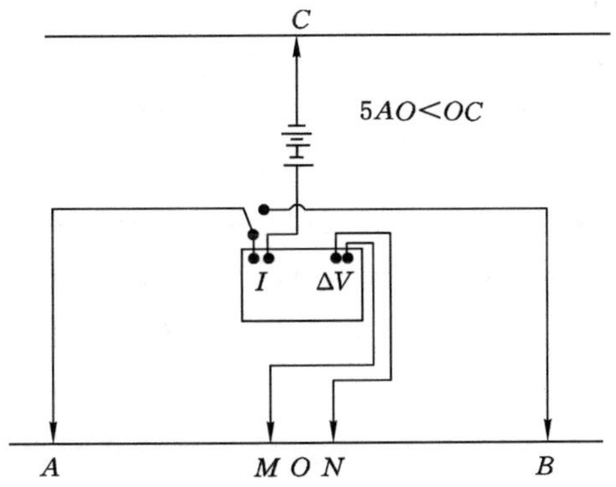

图 4-3-1　联合剖面法装置形式

2. 测量过程

在测量时，C 极固定不动，$AMNB$ 保持距离不变，四个极沿测线同时移动，逐点进行测量，测点为 M、N 的中点 O。每一测点观测两次（即分别用两个三级装置 $AMN\infty$ 和 ∞MNB 进行观测），然后按式(4-3-1)得到两个视电阻率 ρ_s 值，分别记为 ρ_s^A 和 ρ_s^B（通常 ρ_s^A 用实线表示，ρ_s^B 用虚线表示）。

$$\begin{cases} \rho_s^A = K_A \dfrac{\Delta V_{MN}^A}{I} (AMN\infty \text{ 装置}) \\ \rho_s^B = K_B \dfrac{\Delta V_{MN}^B}{I} (\infty MNB \text{ 装置}) \end{cases} \tag{4-3-1}$$

式中，K_A 和 K_B 分别为 $AMN\infty$ 装置和 ∞MNB 装置的装置系数。

根据式(4-2-8)可推算出：

$$K_A = K_B = 2\pi \frac{AM \cdot AN}{MN} \tag{4-3-2}$$

因此，联合剖面法可以绘出两条视电阻率曲线。

3. 联合剖面法 ρ_s 曲线特征分析

联合剖面法主要用于寻找产状陡倾的层状或脉状低阻体或断裂破碎带。当供电极距大于这些地质体的宽度时，可以把它们视为薄脉状良导体（下文简称良导薄脉）。因此，我们主要分析良导薄脉的联合剖面 ρ_s 曲线特征。

在实际工作中，由于 C 极置于无穷远处，其电场在 M、N 电极处产生的电位差可以忽略不计，因此联合剖面法的电场属于一个点电源的场。图 4-3-2 所示为直立良导薄脉上方的联合剖面法观测结果，下面对 ρ_s^A 曲线进行分析。

当电极 A、M、N 在良导薄脉左侧且与之相距较远时，由于良导薄脉对电流的畸变作用较小，因而 $j_{MN} = j_0$。由于 $\rho_{MN} = \rho_1$，故有 $\rho_s^A = \rho_1$（曲线上点 1）；当 A、M、N 逐渐移近良导薄脉时，良导薄脉吸引电流，使电流偏向 MN 一侧，M、N 间的电流密度增大，即 $j_{MN} > j_0$，故 $\rho_s^A > \rho_1$，ρ_s^A 曲线上升（曲线上点 2）；随着 A、M、N 继续向右移动，良导薄脉对电流的吸引作用逐渐增强，致使 ρ_s^A 曲线继续上升，并达到极大值（曲线上点 3），而后由于良导薄脉向下吸引电流，使 j_{MN} 相对减小，ρ_s^A 曲线开始下降；M、N 在靠近并越过脉顶这个范围内，薄脉向下吸引电流，使

得 M、N 间电流密度反而减小，即 $j_{MN}<j_0$，因而 ρ_s^A 曲线随之迅速下降。当 A 和 M、N 分别处在良导薄脉两侧时，由于良导薄脉的屏蔽作用，M、N 间的电流密度更小，因而 ρ_s^A 曲线出现一段低值带（曲线上点 4 附近一小段）；当 A、M、N 都越过脉顶后，低阻脉向左吸引电流。随着电极继续向右移动，良导薄脉吸引电流的作用逐渐减弱，故 j_{MN} 逐渐增大，ρ_s^A 曲线上升（曲线上点 5）；A、M、N 继续右移，当远离低阻脉时，薄脉对电流的吸引十分微弱，因而对电流的畸变作用可以忽略不计，即 $j_{MN}\approx j_0$，故 ρ_s^A 曲线逐渐趋于 ρ_1（曲线上点 6）。

用同样的方法可以分析 ρ_s^B 曲线特征，整个装置从右向左移动，其形状应与从左向右移动的 ρ_s^A 曲线形状互为镜像，因此，只要将 ρ_s^A 曲线绕镜像轴翻转 180°，即可得到 ρ_s^B 曲线。

由图 4-3-2 可见，ρ_s^B 和 ρ_s^A 曲线相交，交点位于直立良导薄脉顶上方，且在交点左侧，$\rho_s^A>\rho_s^B$；交点右侧，$\rho_s^A<\rho_s^B$。这种交点称为联合剖面曲线的正交点。在正交点的每一翼，两条曲线明显地张开，一条达到极大值，另一条则为极小值，形成横“8”字形的明显歧离带。

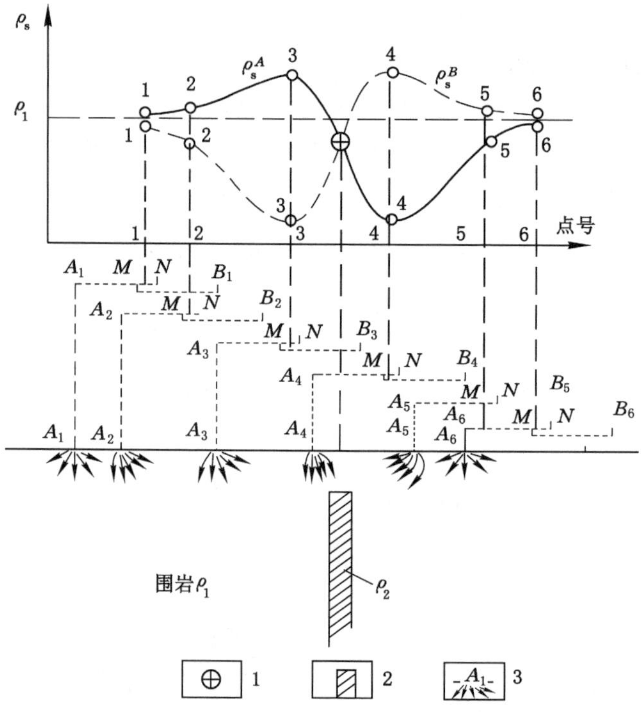

1—正交点；2—良导薄脉；3—A 电极的电流线（示意图）。

图 4-3-2　直立良导薄脉上方的联合剖面 ρ_s 曲线

图 4-3-3 是直立高阻薄脉上方的联合剖面 ρ_s 曲线。下面对 ρ_s^A 曲线进行定性分析：曲线由点 1 到点 3 为下降段，这是高阻体排斥 A 极电流的结果，随着装置向高阻脉体靠近，这种排斥作用逐渐增强，造成地表 MN 处电流密度 j_{MN}^A 减小，故 ρ_s^A 逐渐下降；当 A、M、N 继续向右移动，M、N 位于高阻薄脉顶时，由于 A 极电流被排斥向地表，故 ρ_s^A 出现极大值（见图 4-3-3 中曲线上点 4）；当装置继续向右移动，MN 中点位于点 5 处，而 A 极仍在高阻脉体左侧时，由于高阻脉体的屏蔽作用而使 ρ_s^A 出现极小值（见图 4-3-3 中曲线上点 5）；当 A 极也跨过高阻薄脉顶，A、M、N 都在高阻薄脉右侧时，ρ_s^A 值随电极排列的右移先稍有上升，

然后下降，出现第二个极大值（是假异常，见图 4-3-3 中曲线上点 6）。随着装置远离高阻脉体，受其影响逐渐减少，直至 ρ_s^A 趋于 ρ_1 为止。

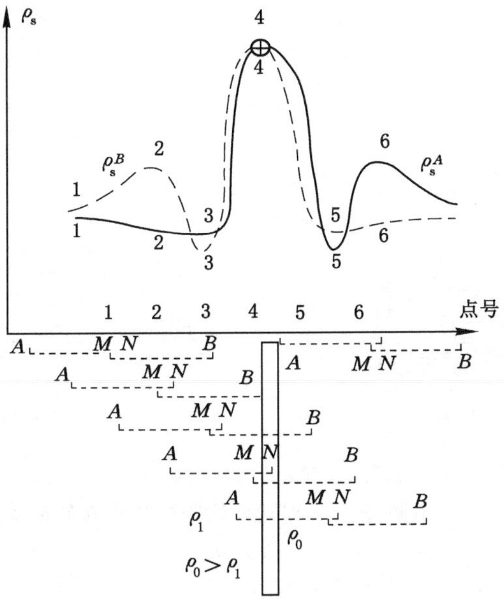

图 4-3-3　直立高阻薄脉上方的联合剖面 ρ_s 曲线

用同样的方法可以分析 ρ_s^A 曲线，这里过程从略。

由图 4-3-3 可以看出，高阻薄脉上的两条 ρ_s 曲线也有一个交点。交点左侧 $\rho_s^A<\rho_s^B$，右侧 $\rho_s^A>\rho_s^B$，与低阻薄脉的情况恰好相反，所以称为反交点。联合剖面曲线的反交点并不明显，在直立高阻薄脉顶部，ρ_s^A 和 ρ_s^B 同步上升呈现高阻异常，在两侧又同步下降并各自出现极小值。反交点两侧 ρ_s^A 和 ρ_s^B 曲线靠得很拢，没有明显的横"8"字形特征。在高阻脉体两侧各有一个不明显的次级极大值。

图 4-3-4 是不同倾角情况下良导薄脉上方的联合剖面 ρ_s 曲线。由该图可见，当倾角小于 90°时，两条 ρ_s 曲线是不对称的。这是倾斜的低阻薄脉向下吸引电流时，使得倾斜方向上的曲线 ρ_s 普遍下降所致。由于曲线不对称，正交点也略向倾斜方向位移。

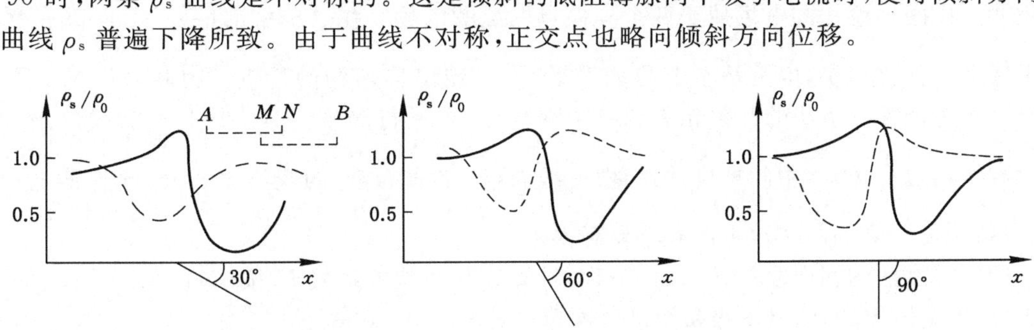

图 4-3-4　不同倾角良导薄脉上方的联合剖面 ρ_s 曲线

在实际工作中，可以用不同极距的联合剖面曲线交点的位移来判断地质体的倾向。小极距反映浅部情况，大极距反映深部情况[图 4-3-5(a)]。若大、小极距的低阻正交点位置重合，说明地质体直立[图 4-3-5(b)];若大极距相对小极距低阻正交点有位移,说明地质体倾斜。

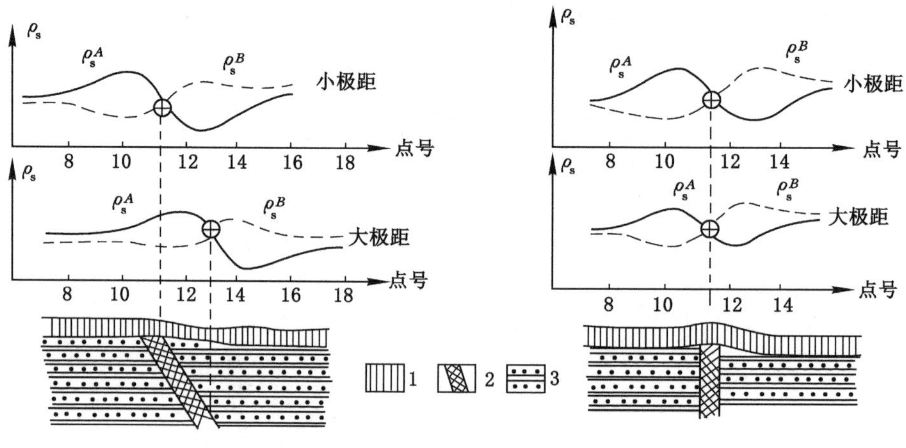

(a) 地质体倾斜　　(b) 地质体直立

1—松散表土层;2—目标地质体;3—围岩。

图 4-3-5　不同极距 ρ_s 对比曲线同构造倾向的关系示意图

由此可见,与直立低阻薄脉的联合剖面曲线特征相比,利用联合剖面法探测高阻薄脉的特征不明显,效率较低,因此,一般都不用联合剖面法寻找高阻地质体。

(二) 中间梯度法

中间梯度法的装置示意图如图 4-3-6 所示。供电电极 A 和 B 相距很远且固定不动,一般 $AB=(70\sim80)H$(H 为覆盖层厚度)。测量电极距 MN 相对于 AB 要小得多,一般选用 $MN=\left(\frac{1}{50}\sim\frac{1}{30}\right)AB$。观测时,保持 A 和 B 固定不动,M 和 N 在 A、B 之间的中部约 $\left(\frac{1}{3}\sim\frac{1}{2}\right)AB$ 的范围内同时移动,逐点进行测量,记录点取 MN 中点。测完该地段后,再移动 AB 电极,继续在 $\left(\frac{1}{3}\sim\frac{1}{2}\right)AB$ 的范围内进行观测。AB 电极移动前后,其衔接点需要重复观测。中间梯度法的电场属于两个异性点电源的电场。在 AB 中部 $\left(\frac{1}{3}\sim\frac{1}{2}\right)AB$ 的范围内电场强度变化很小,电流基本上与地表平行,呈现出均匀场的特点。因此,M、N 还可以在平行于主剖面线 AB 的几条相邻测线中移动,逐点进行测量。旁测线与主测线的最大垂直距离不超过 $\frac{1}{6}AB$。中间梯度法这种“一线布极,多线测量”的观测方式,比起其他电剖面方法(特别是联合剖面法),生产效率要高得多。

中间梯度法的视电阻率按式(4-2-10)计算。其中装置系数 K 按式(4-2-8)计算。装置系数 K 不是恒定的,测量电极每移动一次都要计算一次 K 值。

用中间梯度法寻找产状陡倾的高阻薄脉(如石英脉、伟晶岩脉等)可以取得显著效果。这是因为在均匀场中,高阻薄脉的屏蔽作用比较明显,排斥电流使其汇聚于地表附近,j_{MN} 急剧增加,致使 ρ_s 曲线上升,形成突出的高峰(图 4-3-7)。至于低阻薄脉,由于电流容易垂直于它通过,只能使 j_{MN} 发生很小的变化,因而 ρ_s 曲线异常不明显。

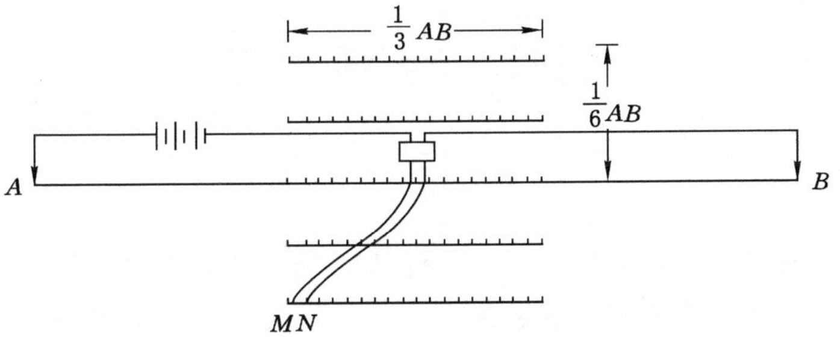

图 4-3-6 中间梯度法装置示意图

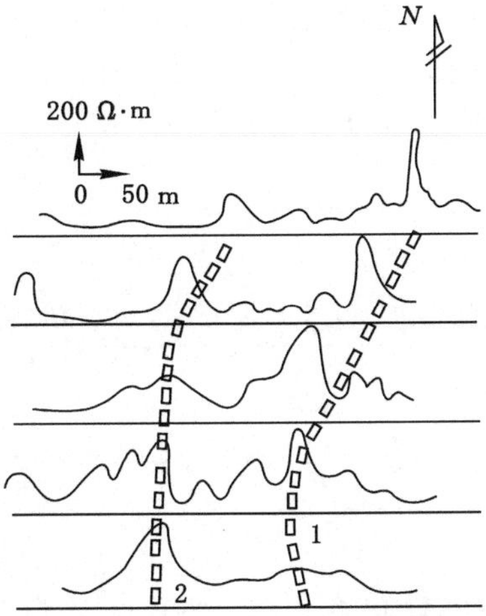

1—矿脉(已知的);2—矿脉(推断的)。

图 4-3-7 高、低阻直立薄脉上的中间梯度法曲线

图 4-3-8 是使用中间梯度法所得的 ρ_s 剖面平面图。该区铅锌矿产赋存在倾角接近 70° 的高阻石英脉中。该图中两条连续的 ρ_s 高峰值带由含矿石英脉引起,周围的花岗岩已风化,疏松含水,所以电阻率低。

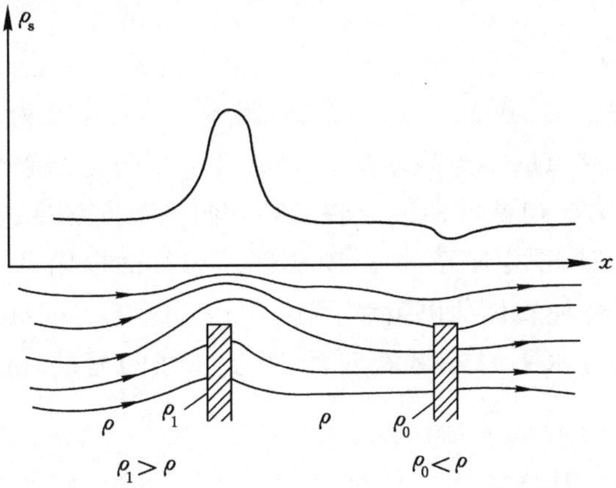

图 4-3-8 某铅锌矿区中间梯度法 ρ_s 剖面平面图

第四节 电测深法

一、概述

电测深法又称电阻率垂向测深法，是用来探明水平（或近似水平）层状岩石在地下分布情况的一种电阻率方法。电测深法通过在同一点上逐次扩大供电电极距，使探测深度逐渐增大，以此来得到观测点处沿垂直方向由浅到深的 ρ_s 变化情况。

（一）装置特点

电测深法有不同的装置类型，可分为对称四极电测深、三极电测深、偶极电测深等，通常采用对称四级装置（图 4-4-1）。其中 A、B、M、N 四个电极位于同一测线上，供电电极 A、B 和测量电极 M、N 均对称于测点 O 布置且 $AM=NB$。

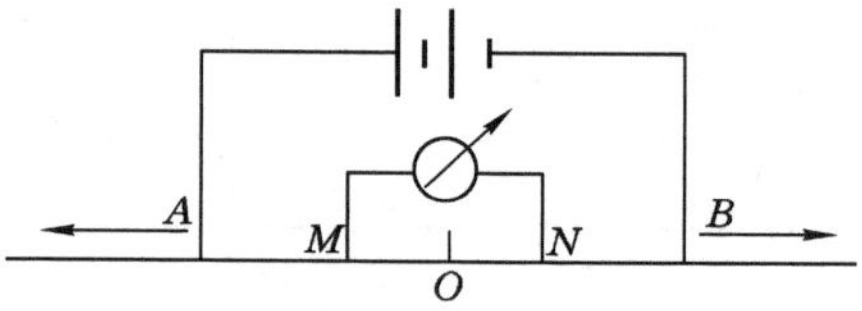

图 4-4-1 对称四级装置

（二）测量过程

在测量时，原则上保持测量电极距 MN 不变，在同一测点使供电电极距 AB 按一定的规律不断增大；每改变一次电极距，即应测定一次 ΔV_{MN} 和 I，得到该电极距的视电阻率值。在实际工作中，由于 A、B 间距离的不断加大，若 M、N 的距离始终保持不变，当 AB 距离很大时，ΔV_{MN} 将会很小，以至难以观测。因此，当 $MN/AB \leqslant 1/3$ 时，固定 MN，不断增大 AB 进行测量；当 MN/AB 比值减小到 1/30 时，就必须增大 MN 进行测量。

对称四级电测深法的视电阻率计算公式仍是：

$$\rho_s = K\frac{\Delta V_{MN}}{I} \quad ; \quad K = \pi\frac{AM \cdot AN}{MN}$$

（三）视电阻率曲线

设第一层电阻率为 ρ_1、厚度为 h_1，第二层电阻率为 ρ_2、厚度为 h_2 且无穷大，$\rho_2 > \rho_1$，分界面为水平面。将每一测点的视电阻率随电极距 $AB/2$ 变化的趋势绘制出来，便得到了一条电测深曲线（图 4-4-2）。电测深曲线反映了某一测点不同深度的电阻率变化情况。

当极距 $AB/2$ 较小时，视电阻率 ρ_1 反映浅部地质体的电阻率大小；当极距 $AB/2$ 较大时，视电阻率 ρ_1 反映深部地质体的电阻率大小。

电测深法适宜于划分水平的或倾角不大（小于 20°）的岩层，在电性层数目较少的情况下，可进行定量解释。

二、电测深曲线类型及特征

通常可按电性不同划分地质断面。

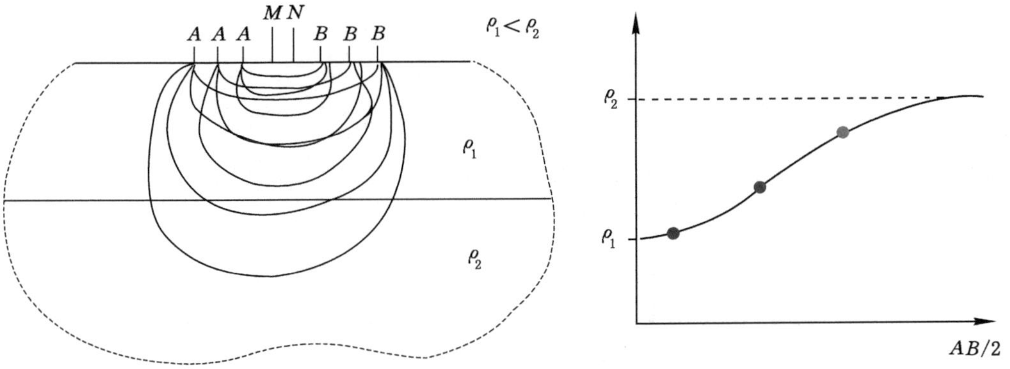

图 4-4-2 电测深曲线

二层地电断面电性参数：

如前所述，二层地电断面具有两个电性层，第一层的电阻率为 ρ_1，厚度为 h_1；第二层电阻率为 ρ_2，厚度为 h_2 且视为无穷大(图 4-4-3)。

三层地电断面电性参数：

三层地电断面由 3 个明显的电性层组成，其中 ρ_1、ρ_2 和 ρ_3 为各电性层的电阻率，h_1、h_2 分别为第一、第二层的厚度，第三层的厚度 h_3 视为无穷大(图 4-4-4)。

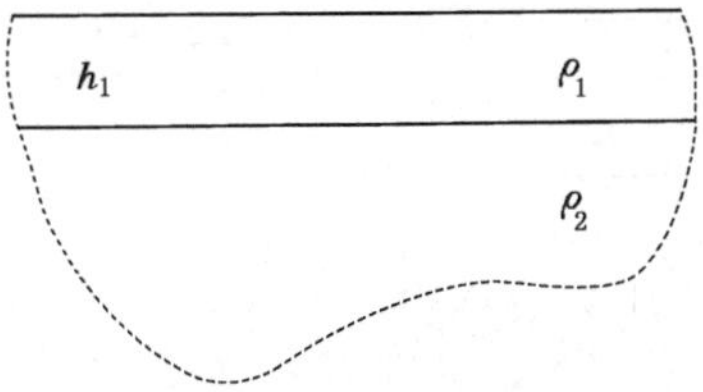

图 4-4-3 二层地电断面示意图

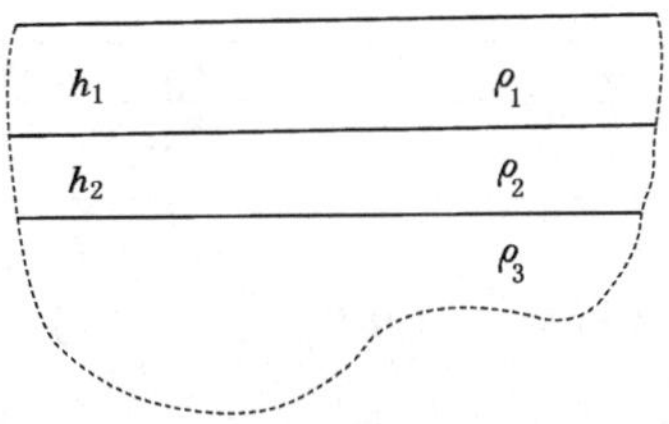

图 4-4-4 三层地电断面示意图

为便于分析解释电测深曲线，可以按地电断面的类型，将电测深曲线分为以下几种类型。

（一）二层地电断面的电测深曲线类型

与二层地电断面相对应的电测深曲线称为二层电测深曲线。根据二层地电断面电性参数，其电测深曲线可分为两种类型：当 $\rho_1 < \rho_2$ 时，断面的曲线称为 G 型曲线；当 $\rho_1 > \rho_2$ 时，断面的曲线称为 D 型曲线(图 4-4-5)。

（二）三层地电断面的电测深曲线类型

与三层地电断面相对应的电测深曲线称为三层电测深曲线。三层电测深曲线的基本形态由 ρ_1、ρ_2、ρ_3 三者之间的相对大小来决定，可分为四种类型(图 4-4-6)：当 $\rho_1 > \rho_2$ 且 $\rho_2 < \rho_3$ 时，断面的曲线称为 H 型曲线；当 $\rho_1 < \rho_2 < \rho_3$ 时，断面的曲线称为 A 型曲线；当 $\rho_1 < \rho_2$ 且 $\rho_2 > \rho_3$ 时，断面的曲线称 K 型曲线；当 $\rho_1 > \rho_2 > \rho_3$ 时，断面的曲线称为 Q 型曲线。

（三）多层断面的电测深曲线类型

一般把三层以上的水平地电断面称为多层断面。当地电断面为 n 层时，各电性层的电

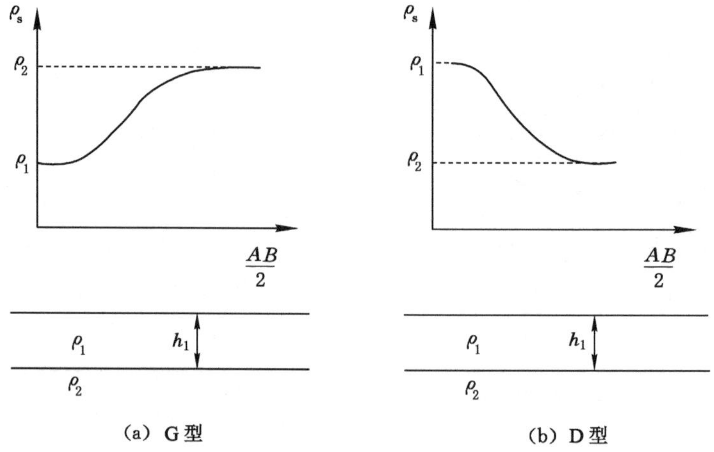

图 4-4-5 水平二层电测深曲线类型

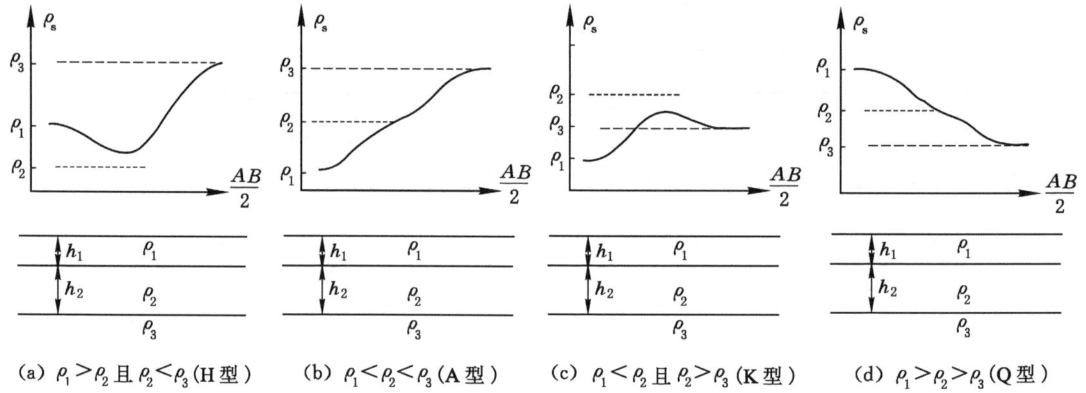

图 4-4-6 水平三层电测深曲线类型

阻率分别为 ρ_1、ρ_2、ρ_3、ρ_4、…、ρ_n，厚度为 h_1、h_2、h_3、h_4、…、h_n，其中第 n 层厚度 h_n 视为无穷大。

对于四个电性层组成的地电断面，按 ρ_1，ρ_2，ρ_3 和 ρ_4 之间的关系，其测深曲线可以有八种类型(图 4-4-7)，每一类型曲线用两个字母表示，第一个字母表示断面中前三层电阻率之间的关系，后一个字母表示后三层的电阻率之间的关系：当 $\rho_1>\rho_2<\rho_3<\rho_4$ 时，为 HA 型曲线；当 $\rho_1>\rho_2<\rho_3>\rho_4$ 时，为 HK 型曲线；当 $\rho_1<\rho_2<\rho_3<\rho_4$ 时，为 AA 型曲线；当 $\rho_1<\rho_2<\rho_3>\rho_4$ 时，为 AK 型曲线；当 $\rho_1<\rho_2>\rho_3<\rho_4$ 时，为 KH 型曲线；当 $\rho_1<\rho_2>\rho_3>\rho_4$ 时，为 KQ 型曲线；当 $\rho_1>\rho_2>\rho_3<\rho_4$ 时，为 QH 型曲线；当 $\rho_1>\rho_2>\rho_3>\rho_4$ 时，为 QQ 型曲线。

四层以上的多层断面电测深曲线仍按上述原则命名。

（四）电测深曲线的特征

1. 电测深曲线的首支

由于电阻率法的勘探深度随供电极距的大小而变化，所以不论几层地电断面，当 $AB/2<$

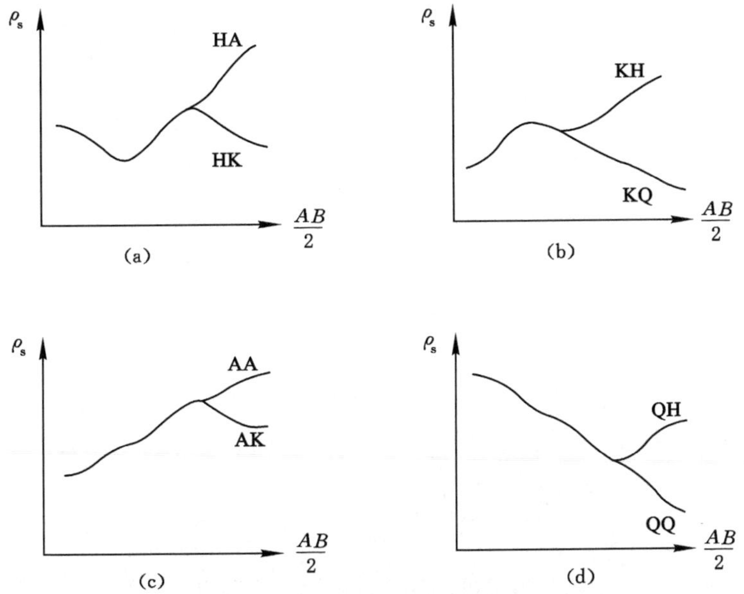

图 4-4-7　水平四层电测深曲线类型

h_1 时，由供电电极所建立的电场的有效作用范围仅限于 ρ_1 介质之中，由于 $j_{MN}=j_0$，$\rho_{MN}=\rho_0$，故 $\rho_s=\rho_1$，即无论几层地电断面，当 $AB/2$ 较小时，电测深曲线的首支均出现以 ρ_1 为渐近线的水平直线。

2. 电测深曲线的尾支

电测深曲线尾支的形态一般有两种情况，一种是出现水平渐近线的情况；一种是出现与横坐标成 45°夹角的情况。

三、电测深法的应用

（一）在平原区第四系水资源调查中的应用

平原区第四系沉积物一般由黏土、亚黏土、砂土、亚砂土以及砂砾石组成，其中砂层和砾石层透水性较好，赋存着丰富的地表水和大气降水，是第四系中的主要含水层，它和围岩间有明显的电性差异，这为开展电测深工作提供了物理前提。图 4-4-8 所示为电测深曲线类型图与视电阻率断面图，可知电测深曲线类型为 KQ 型，上部电阻率较低，主要分布了砂质黏土及黏土；中部高阻异常是高阻砂砾石层的反映，是主要的含水层；底部电阻率低，是基底电性的反映。视电阻率断面图中曲线密集或明显扭曲部位反映了隐伏断裂的存在。成都以东闭合低阻说明没有砂、砾石含水层的存在。

（二）在地热勘察中的应用

图 4-4-9 为西藏羊八羊地热田电测深极小值等值线及推断构造图，断裂构造和电测深极值点等值线的密集区有很好的对应关系。热田中心位于张性断裂与北东东向弧形扭性断裂的交会处。经钻探资料验证，在圈定范围内均见高温、压力较高的热蒸汽。

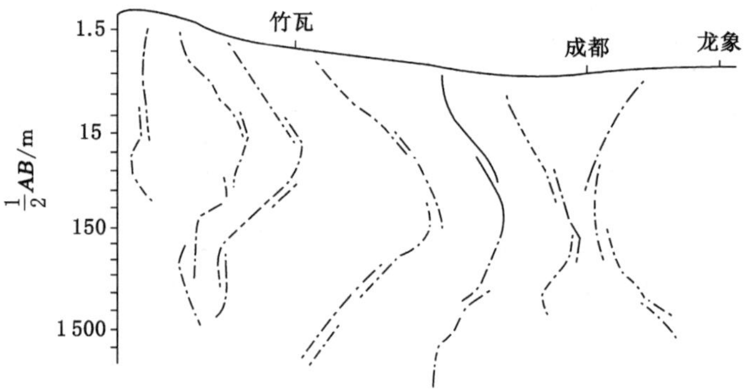

(a) 电测深曲线类型图

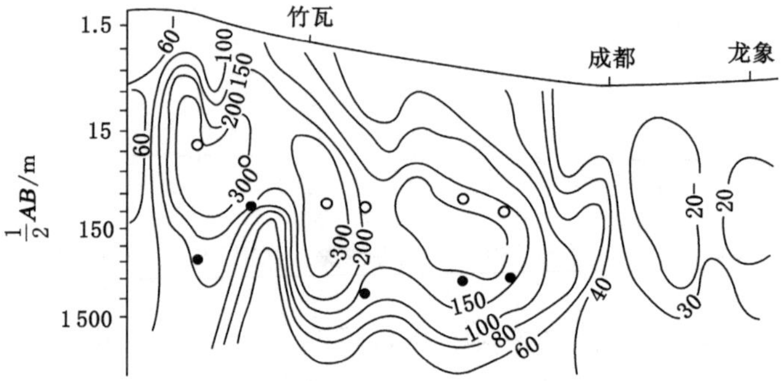

(b) 视电阻率断面图

图 4-4-8　电测深曲线类型图与视电阻率断面图

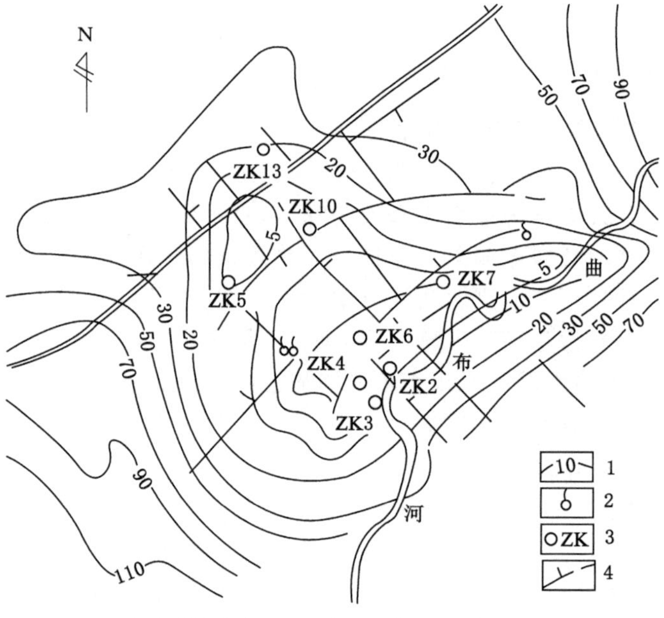

1—极小值等值线；2—温泉；3—钻孔；4—推断断裂。

图 4-4-9　西藏羊八井地热田电测深极小值等值线及推断构造图

第五节　高密度电阻率法

高密度电阻率法是电阻率勘探技术的一大进步。尽管原理与传统电阻率法相同，但引入了多电极高密度布设和自动化的数据采集，使其具有多项优势。首先，一次性电极布设避免了因移动而引起的故障和干扰，提高了数据采集的可靠性和稳定性。其次，在单个观测剖面上，通过电极转换和数据处理，能生成多种断面等值线图，加深对地下结构的综合理解。此外，高密度电阻率法支持现场实时数据处理和解释，提升了勘探效率和反应速度。重要的是，相对于传统方法，高密度电阻率法成本更低、操作更高效。

自20世纪80年代初日本学者首次提出以来，高密度电阻率法在水文地质领域迅速推广应用，取得显著成效。结合多个深度电剖面和密集电测深技术，它在测量精度、抗干扰性能和地质信息获取方面表现出色。该方法不仅可精确描绘地下地质体在水平方向的变化，还能揭示不同深度铅垂方向的特征变化，通过多参数综合解释，弥补了传统电阻率法在测点稀疏和解释单一方面的不足。

一、高密度电阻率法的观测系统

（一）高密度电阻率仪工作方法

为了使高密度电阻率法实现跑极和数据采集自动化，除测量主机和电极外，还需要配有多道电极转换器、多芯电缆和微处理机。在实际工作中，要根据地质资料选择适当的电极距。把所有电极固定在剖面上，用多芯电缆把电极连接到接线盘上，通过测量系统逐级观测。其记录点均为各种装置的中点。

（二）三电位观测系统

三电位观测系统是将温纳、偶极及双二极装置按特定方式组合而成的统一测量系统。在实际测量中，通过电极转换开关，可以在每个测点轻松地进行四个相邻电极的排列组合，从而获得不同的测量参数。图4-5-1展示了三电位观测系统的电极排列方式，其中电极距离 $a=n\cdot x(n=1,2,3,\cdots,15)$，$x$ 为点距，n 为隔离系数。我们分别称这些排列方式为 α 排列、β 排列和 γ 排列，以便于区分和应用。

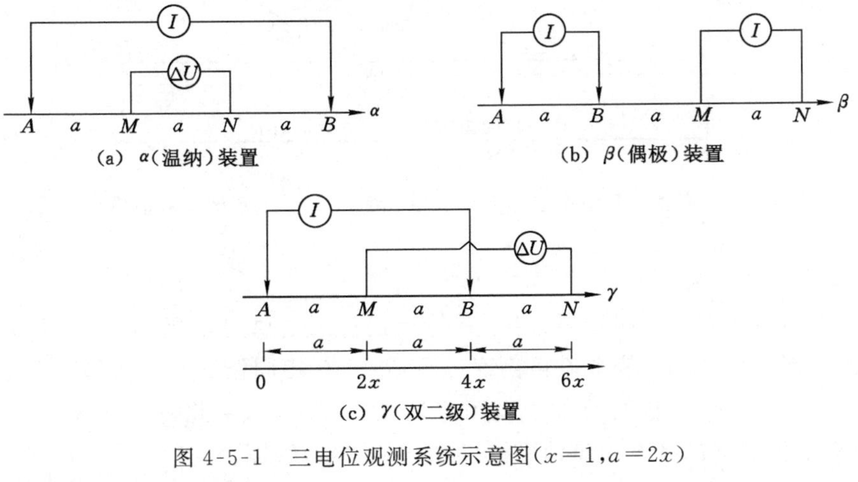

图4-5-1　三电位观测系统示意图($x=1,a=2x$)

三种装置的视电阻率及其相互关系表达式为：

$$\begin{cases}\rho_s^\alpha = 2\pi a\ \dfrac{\Delta U_\alpha}{I} & ;\quad \rho_s^\alpha = \dfrac{1}{3}\rho_s^\beta + \dfrac{2}{3}\rho_s^\gamma \\ \rho_s^\beta = 6\pi a\ \dfrac{\Delta U_\beta}{I} & ;\quad \rho_s^\beta = 3\rho_s^\alpha - 2\rho_s^\gamma \\ \rho_s^\gamma = 3\pi a\ \dfrac{\Delta U_\gamma}{I} & ;\quad \rho_s^\gamma = \dfrac{1}{2}(3\rho_s^\alpha - \rho_s^\beta)\end{cases} \qquad (4\text{-}5\text{-}1)$$

图 4-5-2 中展示了在一个复杂地电断面上的数值模拟结果。从该图中可以看出，三种设备在视电阻率断面上的等值线分布各不相同。然而，在当前地电条件下，温纳装置和偶极装置对低阻凹陷中的高阻体有较好的探测效果，而双二极装置则没有明显的反映。因此，根据三电位观测系统获取的不同视电阻率资料以及它们的特性可解决不同的地质问题。

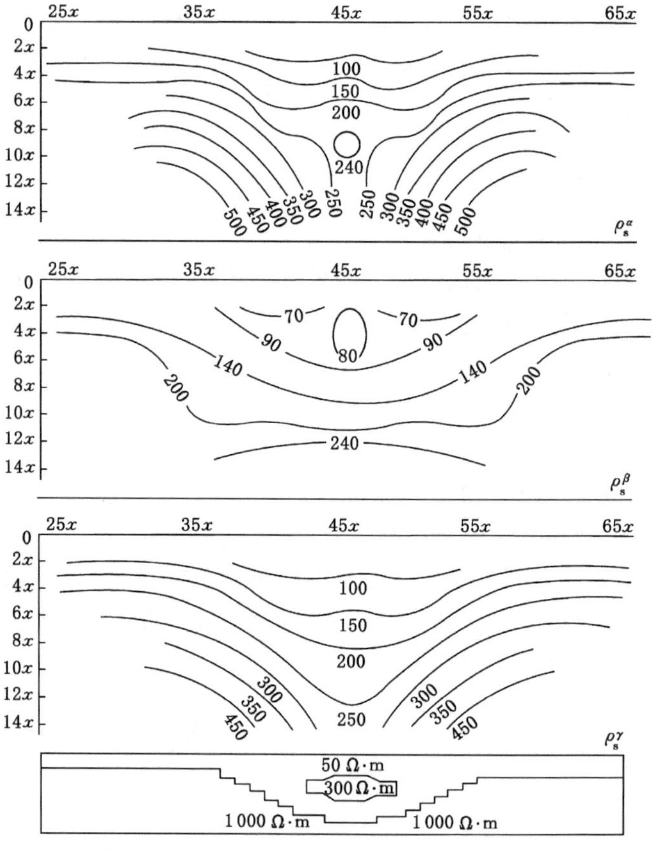

图 4-5-2　高密度电阻率法三电位观测系统 ρ_s^α、ρ_s^β、ρ_s^γ 断面图数值模拟结果

（三）双边三极观测系统

图 4-5-3 所示为双边三级观测系统，其特点是在固定供电电极 A 以后，在两侧各点上以相反方向逐点进行观测。完成整条剖面的测量后，在相同极距 AO（O 为 MN 中点）对应的测点上可以获得两个三极装置的视电阻率值（$\rho_s^{正}$ 和 $\rho_s^{反}$），由此可以换算出对称四极、温纳、偶极及双二极装置的视电阻率值，并绘制它们的等值线图。

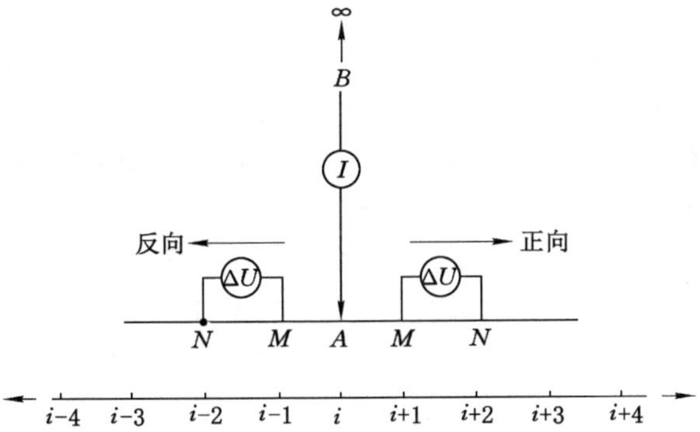

图 4-5-3　双边三级观测系统示意图

图 4-5-4 中给出了双边三极观测系统在一个低阻球体上经换算取得的三种装置(对称四极、温纳、偶极)ρ_s 断面图的理论计算结果。由该图可见,在当前所论条件下,温纳和偶极反映球体的能力较强,对称四极的反映能力则较差。

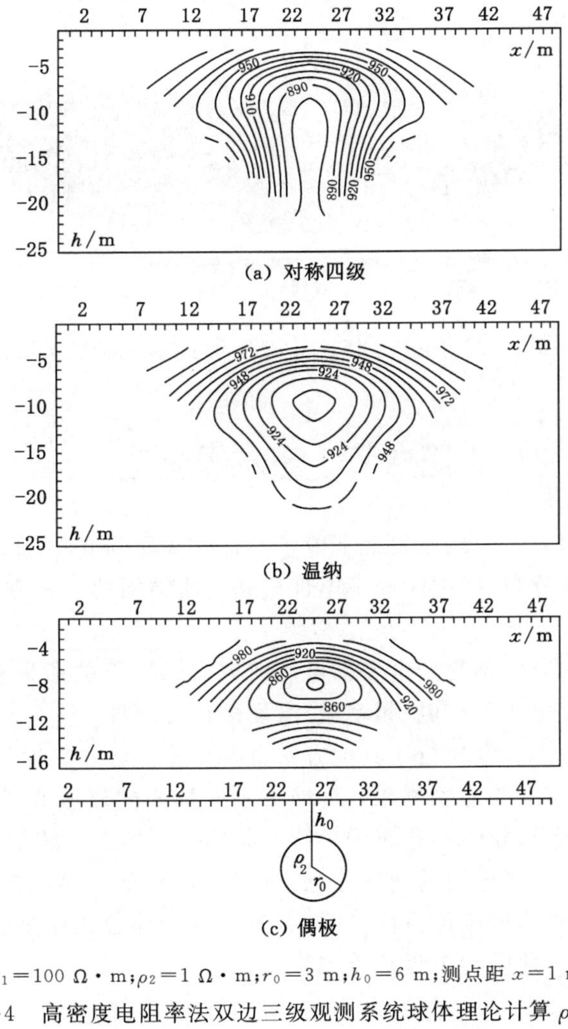

$\rho_1=100\ \Omega\cdot m$;$\rho_2=1\ \Omega\cdot m$;$r_0=3$ m;$h_0=6$ m;测点距 $x=1$ m。

图 4-5-4　高密度电阻率法双边三级观测系统球体理论计算 ρ_s 断面图

二、高密度电阻率法的实际应用

实践证明，高密度电阻率法是一种多、快、好、省的勘探方法，在地基勘察、坝基选址、水库或堤坝查漏、地裂缝探测、岩溶塌陷及煤矿采空区调查等方面，均能发挥重要作用并取得良好效果。现举一确定岩土分界面的实例，叙述如下。

在某水电站上坝址区 Z 剖面上，高密度电阻率成像结果表明(图 4-5-5)，第一层电阻率小于 600 Ω·m，由于砂岩、砂(天然砂粒)、硬页岩、多孔灰岩的电阻率都主要分布在 100～1 000 Ω·m 之间，基岩露头显示该区为砂岩，初步判定该层为砂岩与硬页岩，由地质资料在水电站上坝址区的成岩状况来看，硬页岩几乎不可能形成。由于这条测线沿河分布，受河水冲击的影响，砂砾石较多，这一层以砂砾石为主。第二层为视电阻率大于 600～2 000 Ω·m 的高阻介质图像，应为基岩层，从基岩的露头来看，为砂岩。高密度电法异常在该基岩的顶面分布且不规则，在测线 0～80 m 段，基岩延伸较平缓，覆盖层厚度为 10～18 m，在测线 80～160 m 段，基岩在地下形成一个小沟，覆盖层最大深度达到了 28 m，在测线 160 m 以右，基岩顶界面上升了许多，7～8 m 的覆盖层深度一直延伸到了测线尾部，在 240 m 处才出现基岩下倾的现象。

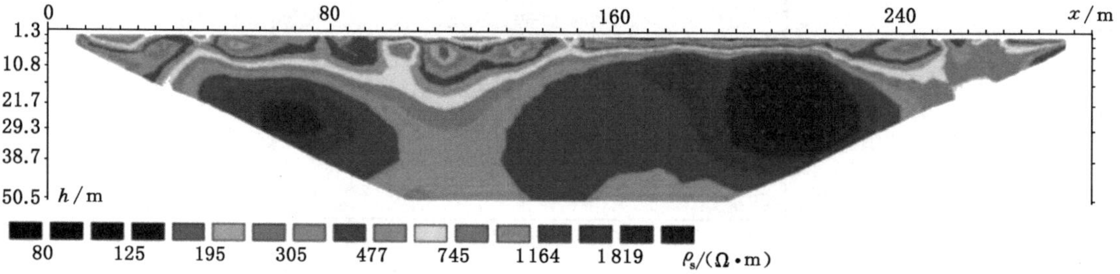

图 4-5-5　某水电站上坝址区 Z 剖面高密度电阻率成像结果

第六节　激发极化法

激发极化法是利用人工电场激发地下电子导体和离子导电岩石，使其产生极化现象并通过研究激发后的电场分布，以推断地下电性质和地质结构的一种方法，常用于找矿及解决其他地质问题。

应用人工直流电场或低频交变电场都可以研究岩(矿)石的激发极化效应，因而相应地有直流(时间域)激发极化法和交流(频率域)激发极化法两种。

激发极化法在电法勘探中相较于其他方法具有显著优势。它通过应用交流电源激发地下介质的极化效应，能够有效地探测和区分地下不同性质的岩层和矿体。根据异常的明显程度，可以区分异常是电子导体还是离子导体引起的。相比于传统的直流电法，激发极化法能够提供更高的分辨率和更详细的地质信息，特别是在复杂地质结构条件下的表现更为突出。此外，它还能够更精确地定位目标区域，有效减少勘探过程中的误判和盲区，因而被广泛应用于矿产勘探、环境地质和工程地质等领域。

一、激发极化法的时间和频率特性

激发极化法通过两个供电电极向地下施加交流电源。随着供电时间的延长，测量电极 M、N 之间的电位差逐渐增大，最终达到一个稳定的值。当切断供电电流后，电极间的电位差不会立即消失，而是随时间逐渐衰减至零。

在这个过程中，地下电场随时间延长的阶段被称为充电过程，而随时间衰减的阶段则称为放电过程。这种随时间变化的附加电场现象即为激发极化效应。

图 4-6-1 中展示了岩(矿)石在充电和放电过程中电位差随时间变化的曲线。初始供电时的电场称为一次场 E_1，其电位差为 ΔU_1，这时地下电场的分布仅取决于岩石和矿石的导电性，是一个稳定的电场。供电时产生的额外电场被称为激发极化场或二次场 E_2。在供电期间，二次场叠加在一次场上，形成总场，其电位差为 ΔU。当停止供电电流后，一次场立即消失，而二次场 E_2 则开始快速衰减，然后逐渐减慢，大约需要 3～5 min 衰减至零。在断电后的某一时刻观测到的电位差称为二次场电位差 ΔU_2。

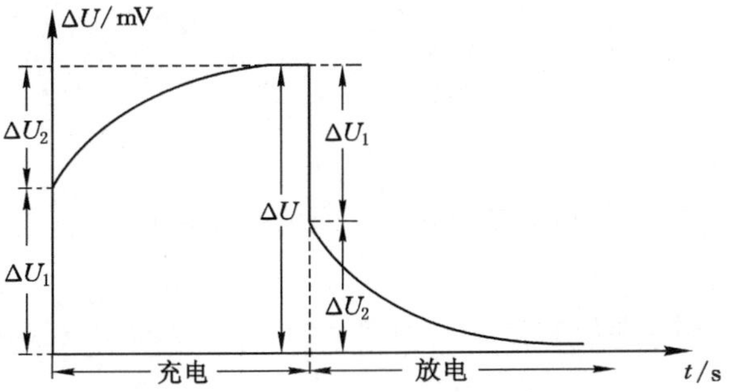

图 4-6-1　岩(矿)石的充电、放电曲线

诸多观测结果表明，岩(矿)石的充、放电速度受多种因素影响，包括其湿度、黏土含量以及孔隙水的矿化度。通常情况下，体极化的浸染状岩(矿)石比面极化的致密状岩(矿)石的充、放电速度更快。此外，当岩(矿)石中的电子导电矿物含量较低时，其充电和放电速度也会加快。

通过观察和研究极化场的分布规律，可以有效解决与找矿、工程勘察等地质问题相关的挑战。

图 4-6-2 所示是几种矿石标本的幅频特性曲线。由该图可见，在超低频段(一般为 $n\times10^{-1}\sim n$ Hz，n 取 1～10 范围内的整数)，交流电位差将随频率的升高而降低，我们把这种现象称为频率分散性或幅频特性。产生这种特性的原因是，在一次场作用下，导电体与围岩的界面上形成双电层需要经过一定的时间。当供给直流电时，总场电位差随充电时间的延长而增大。若采用交流电激发，频率越低，则单向充电时间越长，激电效应越强，总场幅度越大；相反，频率越高，则单向充电时间越短，激电效应越弱，总场幅度越小。

二、激发极化法的测量参数

(一) 极化率和频散率

在直流激发极化法中，极化率 η 是表示岩(矿)石的激发极化效应相对强度的参数：

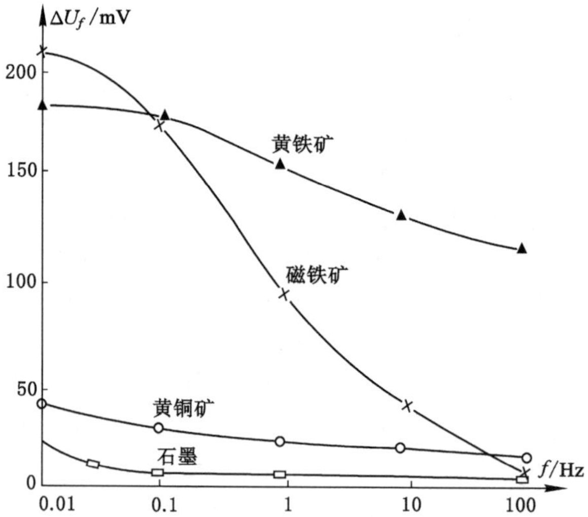

图 4-6-2　几种矿石标本的幅频特性曲线

$$\eta(T,t)=\frac{\Delta U_2(t)}{\Delta U(T)}\times 100\% \tag{4-6-1}$$

式中，$\Delta U(T)$为供电 T 时刻后测量电极 M、N 间的总场电位差；$\Delta U_2(t)$为断电 t 时刻后 M、N 间的二次场电位差。

在交流激发极化法中，则用频散率 P 来表示岩（矿）石的激发极化特性：

$$P=\frac{\Delta U_{t_1}-\Delta U_{t_2}}{\Delta U_{t_2}}\times 100\% \tag{4-6-2}$$

式中，ΔU_{t_1}、ΔU_{t_2}分别表示超低频段上的两个频率（低频 f_1 和高频 f_2）所对应的总场电位差振幅。

（二）视极化率和视频散率

极化率和频散率的表达式是在地下介质极化性质均匀且各向同性的假设下导出的。在实际工作中，地下介质的极化并不均匀且各向异性，这时按式（4-6-1）和式（4-6-2）计算的值是电场有效作用范围内各种岩（矿）石的极化率或频散率的综合影响值，称为视极化率 η_s 或视频散率 P_s，即

$$\begin{cases}\eta_s=\dfrac{\Delta U_2}{\Delta U}\times 100\% \\ P_s=\dfrac{\Delta U_{f_1}-\Delta U_{f_2}}{\Delta U_{f_2}}\times 100\%\end{cases} \tag{4-6-3}$$

若将式（4-6-3）改写成：

$$\eta_s=\frac{\Delta U-\Delta U_1}{\Delta U}\times 100\% \tag{4-6-4}$$

不难看出，视频散率和视极化率的表达式完全类似。这是因为，直流激电中 $T\to\infty$ 的情况，相当于交流激电中 $f_1\to 0$ 的情况；而供电时间 $T\to 0$，则相当于频率 $f_2\to 0$。所以有：

$$\frac{\Delta U_{T\to\infty}-\Delta U_{T\to 0}}{\Delta U_{T\to\infty}}=\frac{\Delta U_{f_1\to 0}-\Delta U_{f_2\to 0}}{\Delta U_{f_2\to 0}} \tag{4-6-5}$$

可见,在极限频率情况下,视频散率 P_s 与视极化率 η_s 数值相等。

三、激发极化法的仪器装备及工作方法

在进行激发极化法勘探时,首先需要根据具体的勘探目标和地质条件选择合适的电极材料和排列方式。常用的电极材料包括铜、碳、不锈钢等,而电极排列方式有中间梯度排列、联合剖面排列、固定点电源排列、对称四极测深排列等多种。此外,勘探过程中还需要使用直流电源、数据采集器、信号处理器、记录器等仪器设备。

对于直流激发极化法,勘探过程中需要将电极埋入地下或固定在地面,然后通过直流电源向地下供电,同时测量电极间的电位差和电流。为了减小地电阻的影响,通常采用大功率供电。数据采集阶段,需要记录供电过程中电位差和电流随时间的变化关系,绘制出视极化率曲线。然后通过对这些曲线的分析和解释,可以提取地质体的电性参数,从而推断地质体的位置、规模和性质。时间域激发极化仪原理方框图见图 4-6-3。

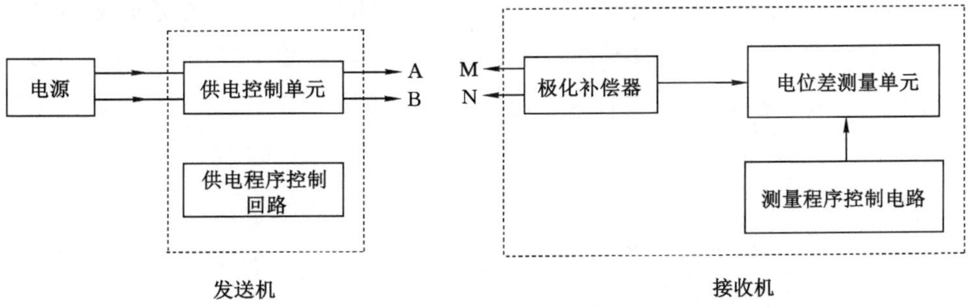

(a) 供电电路　　(b) 测量回路

图 4-6-3 时间域激发极化仪原理方框图

交流激电仪的供电回路及测量回路与直流激电仪的基本相同。交流激发极化法使用交流电源,频率范围广泛,从几千赫兹到几十兆赫兹。在此方法中,需要将发射和接收天线埋入地下或固定在地面。在勘探过程中,通过发射天线向地下发射交流电磁波,同时接收地下产生的感应电磁场信号。数据采集阶段,记录接收到的电磁场信号的强度和相位,绘制出频率-阻抗关系曲线。通过对这些曲线的分析和解释,可以提取地质体的电性参数,从而推断地质体的位置、规模和性质。

图 4-6-4 为一种我国生产的时间域激电仪的外貌。采用直流激电法工作时,供电电极用棒状铁电极,测量电极用不极化电极。

四、极化体的激电异常

(一) 中间梯度装置的激电异常

中间梯度装置是直流激发极化法中应用最广泛的一种装置。采用这种装置时,观测地

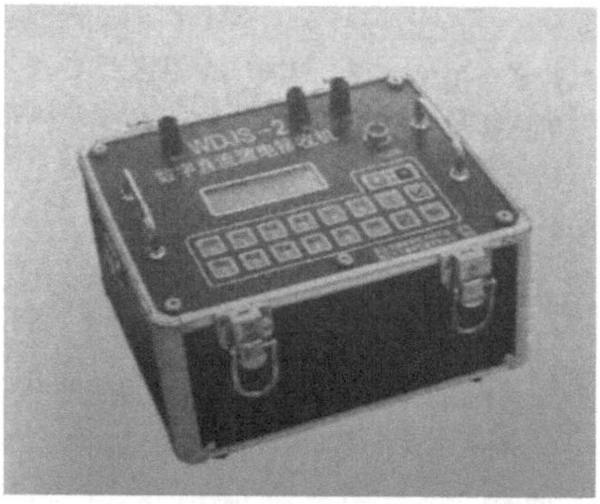

图 4-6-4　WDJS-2 数字直流激电仪(重庆奔腾数控技术研究所)

段选在供电电极 A、B 中部$\left(\frac{1}{3}\sim\frac{1}{2}\right)AB$ 的范围内,这里的一次电场近于水平均匀场。

图 4-6-5 所示为高极化良导球体在主剖面上的视电阻率和视极化率曲线。由该图可见,η_s 曲线和 E_{2x} 曲线形态相似,特征点位置也基本相同。在球体上方,由于二次场与一次场方向相同,故 η_s 为正值;球心上方二次场最强,故 η_s 出现极大值。在球体两侧,二次场与一次场方向相反,故 η_s 为负值;当测点离球体很远时,二次场趋于零,故 η_s 也趋于零。

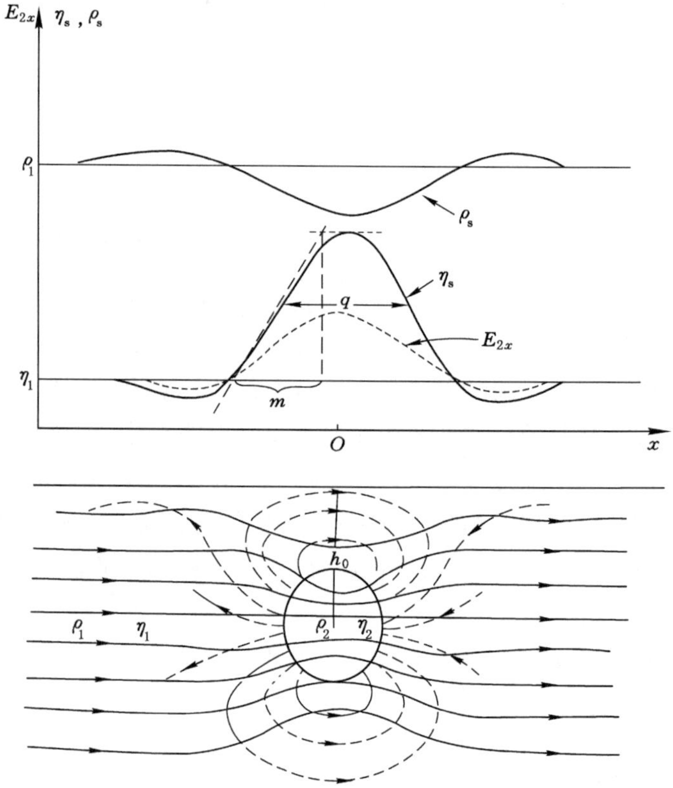

图 4-6-5　高极化良导球体在主剖面上的 E_{2x}、ρ_s、η_s 曲线

(图下部实线为一次场电流线,虚线为二次场电流线)

对于高极化良导球体，η_s 和 ρ_s 曲线互为镜像。高极化高阻球体则与之相反，η_s 和 ρ_s 曲线形态相似。

在实际工作中，可利用主剖面的 η_s 曲线按下式估算球体中心深度：

$$\begin{cases} h_0 = 1.3q \\ h_0 = 2m \end{cases} \tag{4-6-6}$$

式中，q 为曲线半极值点间距离；m 为过拐点切线的弦切距。

图 4-6-6 所示为不同倾角铜板上的中间梯度装置激电异常曲线。从该图中可见，当 $\alpha=0°$或 $90°$，即脉状体水平或直立时，η_s 曲线呈对称形态，且极大值对应于模型的中心或顶端位置。水平模型比直立模型的异常大，这是因为物体在沿着它的长轴方向被极化时，其极化效应最强。当低阻模型倾斜时，在倾斜方向一侧的曲线下降缓慢；在相反的一侧梯度较陡，同时极大值向倾斜方向位移。模型倾角越小，延深越大，极大值位移就越大。

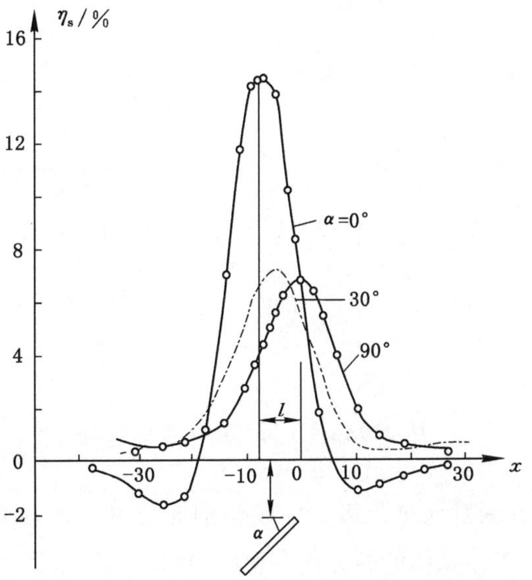

图 4-6-6　不同倾角铜板上的中间梯度装置激电异常曲线（$h=10$ cm）

（二）联合剖面装置的激电异常

图 4-6-7 中展示了球形极化体上的联合剖面装置激电异常曲线。从中可以观察到，这些曲线与高阻球体的联合剖面曲线在形状上相似：在球心上方，存在反交点，其附近曲线 η_s^A、η_s^B 呈现镜像对称。这些特征与球体的电阻率无关。当供电极距 AO 与球心深度接近时[如图 4-6-7(d)所示]，在反交点两侧附近出现了极大值，形成了横“8”字形的歧离带。随着供电极距的增大，曲线变得更加复杂。当供电极距大于球心深度的 2～3 倍时，曲线在极大值外侧对称地出现了两个次极大值[如图 4-6-7(b)(c)所示]。这是因为供电电极 A 和 B 通过球顶上方的地面时，其离球体最近，激发作用最强，产生的二次场效应显著。随着供电极距继续增大，次极值逐渐减小，主极大值趋向于反交点，两条曲线的差异

性减弱[如图 4-6-7(a)所示]。当供电极距非常大时,两条曲线几乎重合,类似于中间梯度装置的激电异常曲线。

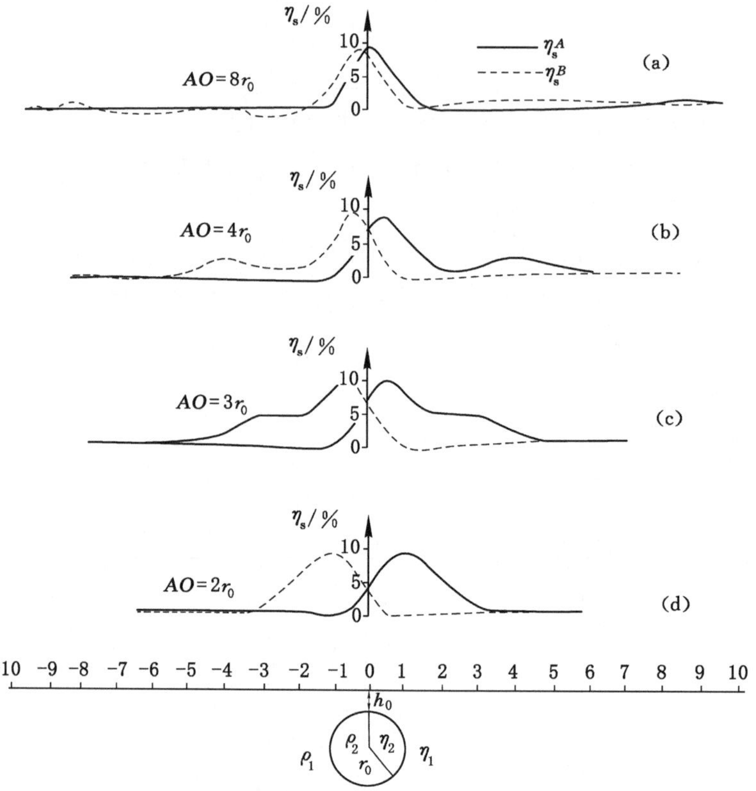

图 4-6-7 球形极化体上的联合剖面装置激电异常曲线

图 4-6-8 中展示了倾斜脉状极化体上的联合剖面装置激电异常曲线。从中可以看出,对于低阻极化体,供电电极在脉状体倾斜方向一侧时,视极化率极大值较小,而在另一侧较大,导致两个极大值连线的倾斜方向与脉状体的倾斜方向相反[如图 4-6-8(a)所示]。而高阻极化体则呈相反情况,其两个极大值连线的倾斜方向与脉状体的倾向相一致[如图 4-6-8(b)所示]。

在根据联合剖面装置激电异常曲线中极大值连线的倾斜方向来判断脉状体的产状时,必须预先了解脉状体的导电性,否则可能会得出错误的结论。此外,还可以通过计算反交点两侧的面积差(或曲线围成的面积)来辅助判断脉状体的产状。由图 4-6-8 可见,无论脉状体的导电性如何,其倾向一侧两曲线所围成的面积大于另一侧,且受个别点误差的影响较小,因此这是一种有效的经验方法。

五、激发极化法的应用实例

我国某热液交代型铜矿位于变质岩系分布区。矿石以黄铜矿、闪锌矿、黄铁矿为主,多呈星散状或细脉状。当硅化程度较高时,矿化较好,故矿体一般对应高极化率和高电阻率。

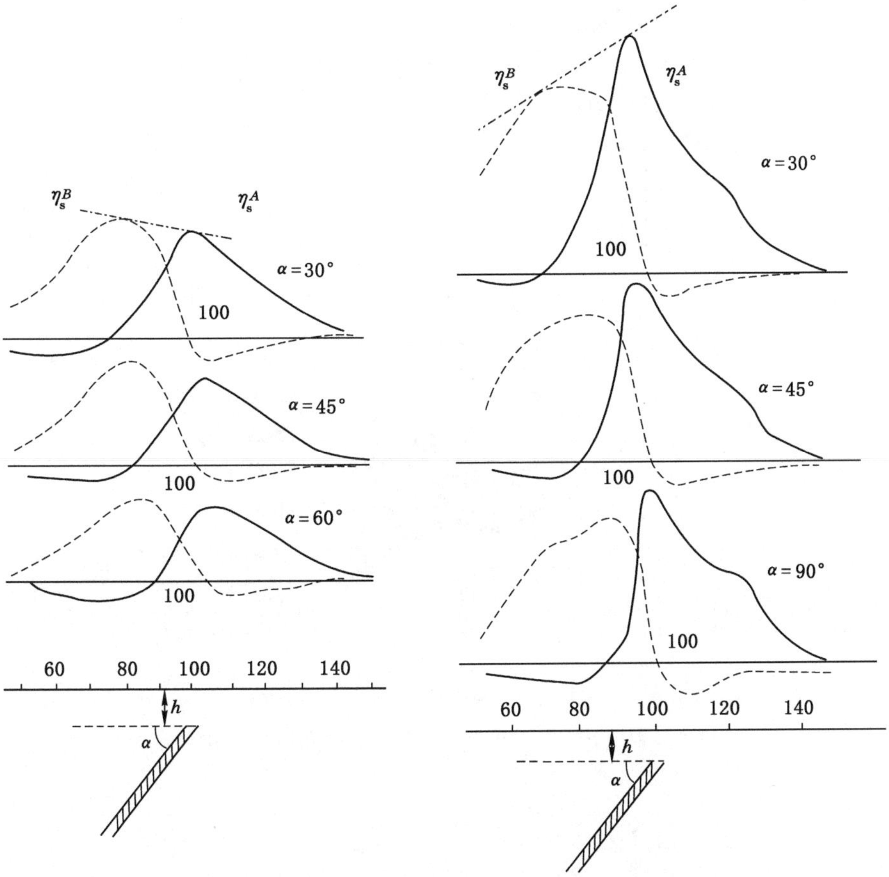

图 4-6-8　倾斜脉状极化体上的联合剖面装置激电异常曲线

区内石墨化和黄铁矿化岩石的极化率虽然也高，但电阻率仅为数十欧姆·米。图 4-6-9 所示为某铜矿床 12 号异常的综合剖面图和激发极化异常曲线。该异常为矿异常，在 η_s 异常较高处布置的 ZK1 钻孔中见到了多层矿体。以后又沿矿带倾斜方向布置了三个钻孔，均打到多层厚矿体，有的孔内见矿总厚度达 46 m。

图 4-6-10 为我国某铜矿区一条剖面上的交流激电 ρ_s 异常曲线。矿体产于花岗闪长岩体与下二叠统上部砂岩、大理岩的接触带处。原生矿体多呈不连续的扁豆状和透镜体，矿石为浸染状。

在矿体上方，中间梯度装置和偶极装置的 ρ_s 曲线都有明显的异常显示。偶极装置 ρ_s 曲线的异常大小和形态都与 n 值有关（n 为隔离系数，$BM=na$，$AB=MN=a$，$n=1,2,\cdots$）。当 $n=2\sim4$ 时，ρ_s 曲线只有一个极大值，且极大值随 n 值的增加而变大；当 $n=6\sim8$ 时，矿体上方出现极小值，两侧出现极大值，构成双峰异常，且两峰值点间的距离随 n 值的增加而变大。根据 ρ_s 曲线图下部的拟断面图，可认为异常源位于 100 点附近，且埋藏不深，其产状近于对称。钻探结果证明，异常源为两个纵向叠加的铜矿体。

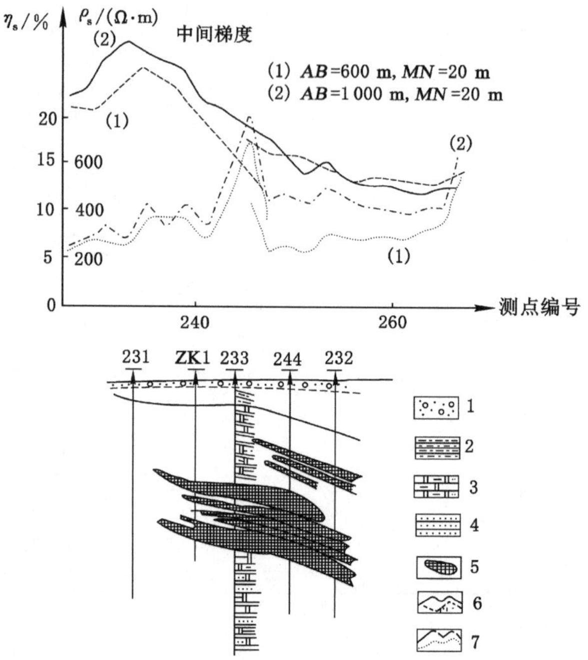

1—第四系浮土；2—云母石英片岩；3—硅化石墨大理石；4—变粒岩；5—铜矿体；6—η_s 曲线(2)；7—ρ_s 曲线(1)。

图 4-6-9　某铜矿床 12 号异常的综合剖面图和激发极化异常曲线

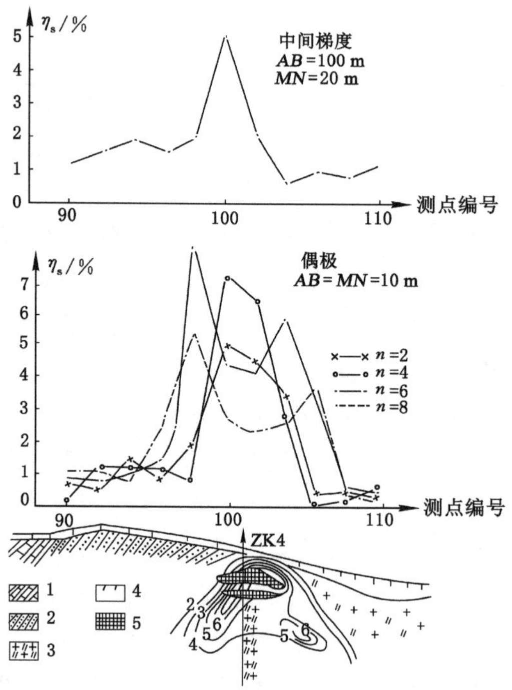

1—大理石；2—砂板岩；3—花岗闪长岩；4—第四系；5—矿体。

图 4-6-10　某铜矿床上的交流激电 ρ_s 异常曲线

第七节　瞬变电磁法

瞬变电磁法(transient electromag-netic method,TEM)将接地导线或不接地回线通以脉冲电流,以激励探测目的物感生二次电流,在脉冲间隙测量二次场随时间变化的响应的一种电磁探测方法。其原理基于瞬态电磁场的产生和接收。在瞬变电磁法中,在地面或空中放置一个发送线圈,可向地下发送一个瞬态电流脉冲。这个瞬态脉冲会在地下引起感应电流,并因地下电阻率的变化而产生电磁响应。接收线圈则用于测量这些感应电流所产生的电磁场响应信号,从而推断地下的电阻率结构。

瞬变电磁法的特点包括高分辨率和广覆盖面积。该方法使用的脉冲信号具有宽频带特性,能够用于探测从浅层到深层的广泛地质结构。此外,瞬变电磁法在实地勘探中通常能够提供较高的数据质量,适用于不同类型的地质环境和勘探深度。它还具有操作简便、设备轻便易携带等优势,使得它成为许多地球物理勘探项目中被首选的技术手段。

随着技术的进步和理论的深入研究,瞬变电磁法在近年来得到了显著的发展。改进的控制源技术和接收器设计使得数据采集更加高效和精确。同时,数值模拟和数据反演技术的应用提升了人们对复杂地质结构的解释能力。此外,瞬变电磁法的应用范围不断扩展,不仅限于矿产勘探,还广泛应用于水资源调查、环境地质监测以及工程地质勘探等领域,这显示出其在地球科学和资源勘探中的重要地位和广阔应用前景。

一、瞬变电磁剖面法

(一) 工作装置

在瞬变电磁法勘探中,根据发、收排列的不同,常用的剖面测量装置分为同点、偶极和大回线源三种(图 4-7-1)。同点装置中的重叠回线是发送回线(T_x)与接收回线(R_x)相重合而敷设的装置。由于 TEM 法的供电和测量在时间上是相分开的,因此 T_x 与 R_x 可以共用一个回线,称之为共圈回线。同点装置是频率域方法无法实现的装置,它与地质探测对象有最佳的耦合,是勘查金属矿产常用的装置。偶极装置与频率域水平线圈法相类似,T_x 与 R_x 要求保持固定的发、收距 r。在瞬变电磁法中,常用沿测线逐点移动的方式来观测 dB/dt 值。大回线源装置的 T_x 采用边长达数百米的矩形回线,R_x 采用小型线圈(探头)沿垂直于 T_x 边长的测线逐点观测磁场三个分量的 dB/dt 值。

(二) 瞬变电磁场的计算方法

理论上,瞬变电磁场可通过直接求解由时间域电磁场方程及相应边界条件构成的定解问题来计算,但这样做往往难度较大、费时较多。通过先计算频率域电磁场,再对频率域电磁场做逆傅里叶变换来获得瞬变电磁场则显得更便捷。瞬变电磁场可视为不同频率的谐变电磁场组合,二者通过傅里叶变换互相联系,即

$$H(\omega)=\int_{\infty}^{-\infty} H(t)\mathrm{e}^{\mathrm{i}\omega t}\,\mathrm{d}t \tag{4-7-1}$$

$$H(t)=\frac{1}{2\pi}\int_{-\infty}^{\infty} H(\omega)\mathrm{e}^{-\mathrm{i}\omega t}\,\mathrm{d}\omega \tag{4-7-2}$$

式中,t 为时间;ω 为角频率。

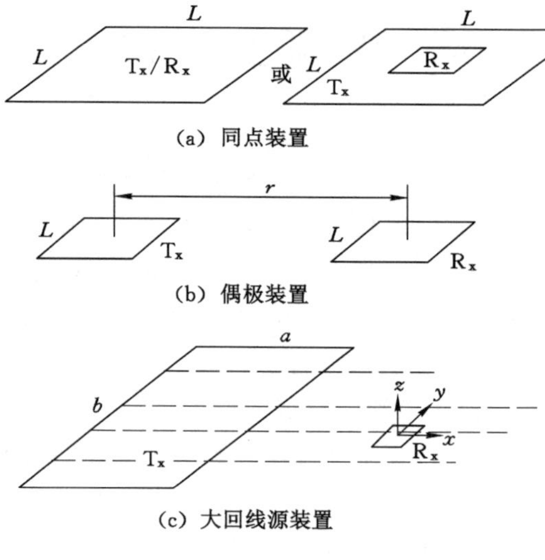

图 4-7-1　TEM 剖面测量装置

式(4-7-2)便是由频域率电磁场计算时间域电磁场的表达式。

(三) 典型规则导体的剖面曲线特征

1. 球体及水平圆柱体上的异常特征

水平导电圆柱体上的磁异常剖面曲线如图 4-7-2 所示，在不同测道的剖面曲线中呈现出以圆柱体顶端为中心的对称单峰形态异常，这种异常的衰减速率取决于时间常数 τ 的值，$\tau=\mu\sigma a^2/5.82$。类似地，球体上也观察到以过球心竖轴对称的单峰异常，但其时间常数与水平圆柱体不同，球体的时间常数 $\tau=\mu\sigma a^2/\pi^2$，$\tau_{柱}=1.8\tau_{球}$。因此，当两个物体的半径相同时，球体的磁异常衰减速率要快于水平圆柱体，且球体的异常影响范围相对较小。类似的现象也出现在直立圆柱体上，显示出相同的规律性。

2. 薄板状导体上的异常特征

在导电薄板上，磁异常的形态和幅度会受到导体倾角的影响，如图 4-7-3 所示。当导体倾角 $\alpha=90°$时，由于回线与导体耦合不佳，异常响应较弱，呈现出以导体顶部对称的双峰形态；在矿顶区域，极小值接近背景噪声水平。不同测道的曲线(如图 4-7-4 所示)除了幅值和范围有所不同，其他特征与上述情况相似。当 $0°<\alpha<90°$时，随着 α 的减小，耦合增强，异常响应增强，双峰不对称，导体倾向一侧的峰值高于另一侧；极小值随 α 减小而增大，位置向反倾斜侧移动。两峰值之比主要受 α 影响，根据物理模拟资料，α 与主峰和次峰值之比 α_1/α_2 的关系为：

$$\alpha=90°-22°\ln(\alpha_1/\alpha_2) \tag{4-7-3}$$

如图 4-7-5 所示，在倾斜板的情况下，不同测道的异常剖面曲线形态有差异。从晚期到早期，极小值增大并向反倾斜侧略微移动，双峰逐渐不明显，这种异常形态的变化反映了导体内涡流分布随延迟时间的变化。当 $\alpha=0°$时，回线与导体耦合最佳，异常幅值可比直立导体异常大几十倍，主要表现为单峰平顶状，在导体边缘近侧的外部，可能出现不明显的次级值或挠曲。

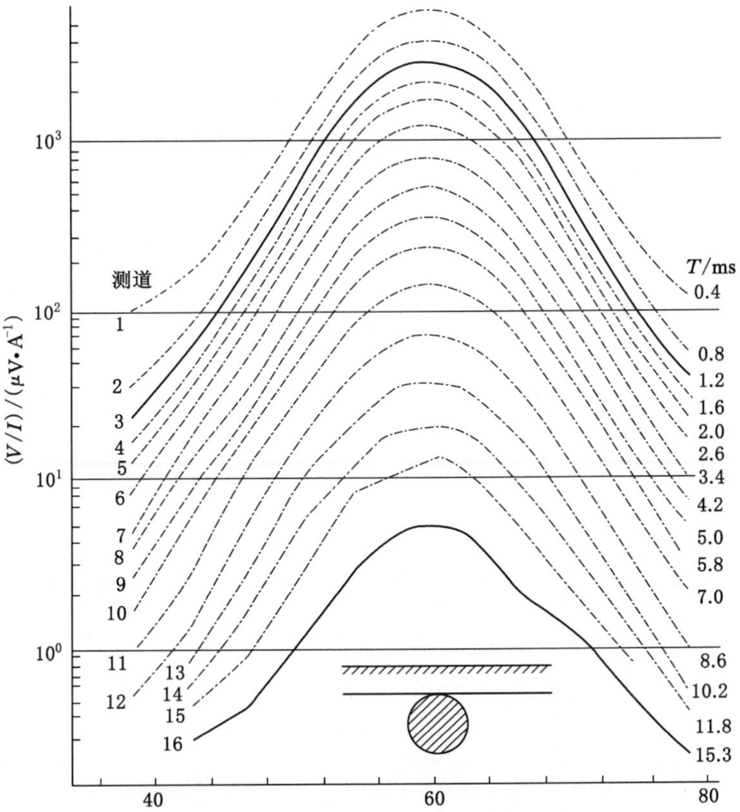

图 4-7-2　水平导电圆柱体上的异常剖面曲线

（铜柱：直径 8 cm；长 41.7 cm；$h=5$ cm；重叠回线边长为 10 cm；点号间距为 4 cm）

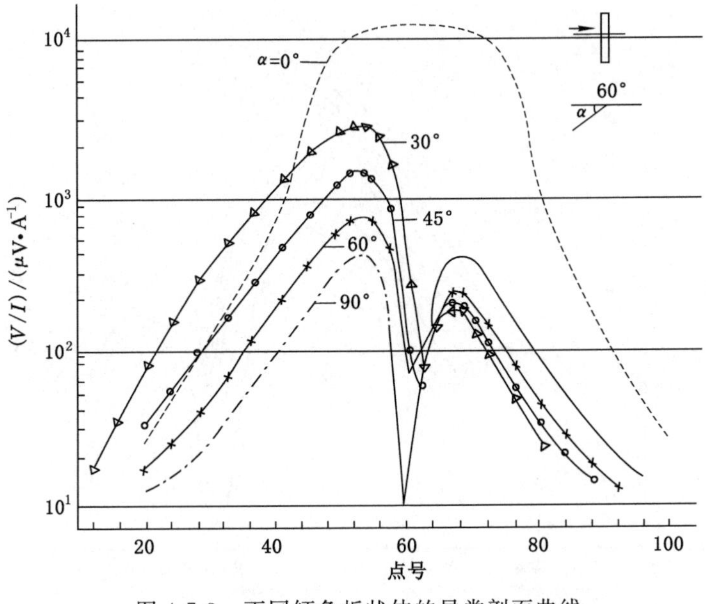

图 4-7-3　不同倾角板状体的异常剖面曲线

（导体模型：铝板 70 cm×40 cm×0.1 cm；$h=5$ cm；矿顶位于 60 号点处；重叠回线边长为 10 cm，$t=1.2$ ms）

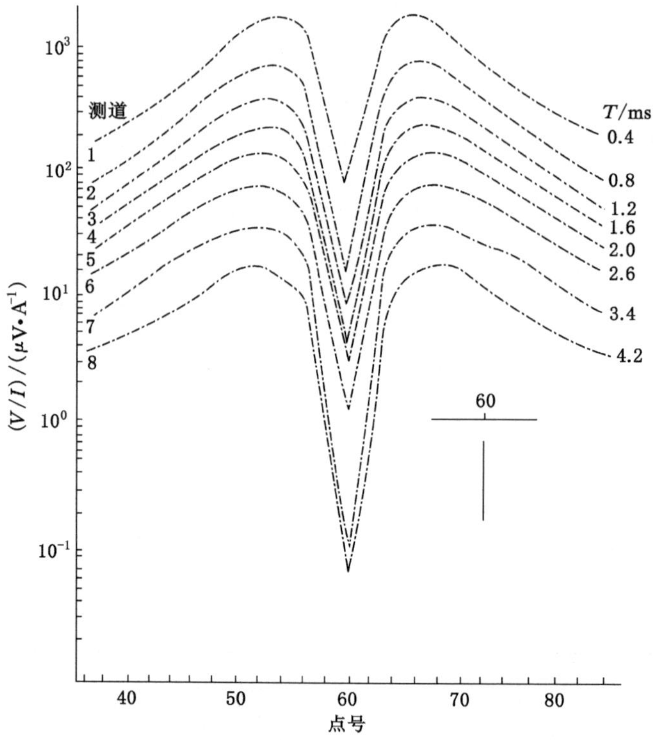

图 4-7-4　直立板上不同测道的异常剖面曲线

（铝板规模：70 cm×40 cm×0.1 cm；h=5 cm；重叠回线边长为 10 cm；a=90°；板顶位于 60 号点；点号间距为 4 cm）

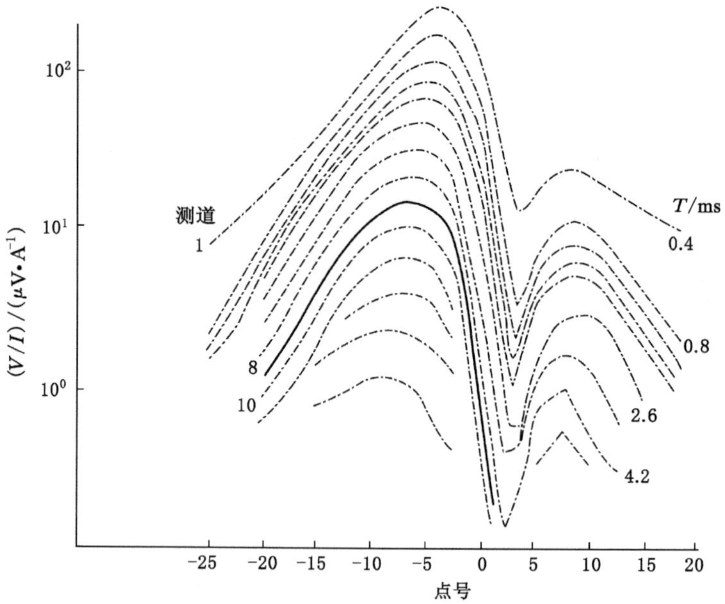

图 4-7-5　倾斜板上不同测道的异常剖面曲线

（铜板模型：80 cm×20 cm×0.6 cm；h=5.5 cm；a=45°；顶板部在 0 号点；重叠回线边长为 5 cm）

（四）覆盖层对瞬变电磁剖面异常的影响

有限导电体在晚期衰减遵循指数规律，且在时间常数较大的情况下，其衰减速度可能比导电覆盖层上的响应衰减速度慢。因此，在晚期，当良导电矿体与覆盖层组合时，主要捕捉到的是矿体的响应。然而，在早期，由于收、发回线与覆盖层之间的耦合比与矿体的耦合强，观测到的信号主要反映覆盖层的响应。

图 4-7-6 中清晰地显示了这一规律：在早期，曲线 1（组合情况）与曲线 3（仅覆盖层）重合，主要反映覆盖层的影响；到了晚期，曲线 1（组合情况）与曲线 2（仅矿体）逐渐变得平行或接近，此时曲线主要反映矿体的信息，尽管背景信号被抬高，但矿体的主要响应特征（r 值与无覆盖层时相同）仍然被保留，只是进入晚期的时间被延后了。

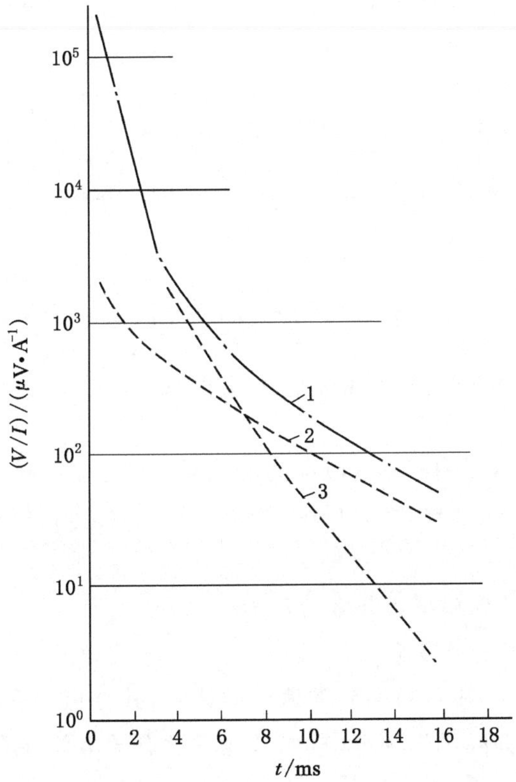

1—覆盖层与矿体相结合；2—矿体，铝板尺寸为 34 cm×31 cm×0.54 cm，h=4 cm，a=45°；
3—覆盖层，厚度为 0.05 cm 的薄铝板，重叠回线边长为 10 cm。

图 4-7-6　导电覆盖层对板状体异常时间谱的影响

图 4-7-7 显示了在全覆盖条件下水平导电圆柱体的异常剖面曲线：在早期，曲线几乎为一直线，且幅值较高；随着测道数的增加，异常曲线逐渐接近深部矿体单独存在时的曲线形态（图 4-7-2），但直到第 16 道（15.8 ms），异常幅值仍比矿体单独存在时高约 10 倍，异常清晰度降低。

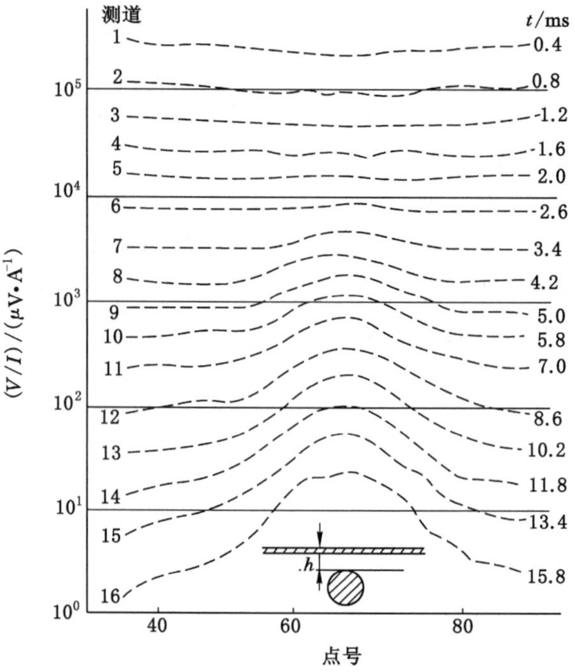

图 4-7-7　全覆盖条件下水平导电圆柱体的异常剖面曲线

（矿体模型：直径为 8 cm 的水平钢柱；长度为 41.7 cm；$h=5$ cm；覆盖层为 0.05 cm 厚的铝板；重叠回线边长为 10 cm）

在导电覆盖层条件下，影响矿体探测能力的因素主要包括矿体埋深、板状矿体的纵向导电性、覆盖层的纵向导电性、取样时间以及回线边长等。因此，在解释异常时，需要综合考虑这些因素。

（五）起伏地形对瞬变电磁剖面异常的影响

1. 高阻围岩条件下的地形影响

瞬变电磁法是一种专门用于检测异常信号的技术，其特点是在观测过程中不包含一次场的背景干扰。因此，在高阻围岩环境中，如果地下没有导电体存在，地形起伏不会引发假异常。然而，一旦地下存在导电体，地形起伏会改变回线与导电体之间的耦合效果，导致异常信号的形态出现扭曲。

山谷和山坡地形下的异常剖面曲线如图 4-7-8 和图 4-7-9 所示。当地形起伏较大时，耦合增强，观测到的异常信号响应会更加强烈；相反，如果地形相对平坦时，耦合减弱，异常信号的强度也会相应减弱。

2. 导电围岩条件下的地形影响

在野外实际测量中，围岩通常具有一定的导电性，这一特性对测量结果有显著影响，尤其在起伏地形中更为突出。这主要表现在两个方面：一是使异常背景起伏，二是由于矿体耦合关系的改变，导致异常形成畸变。

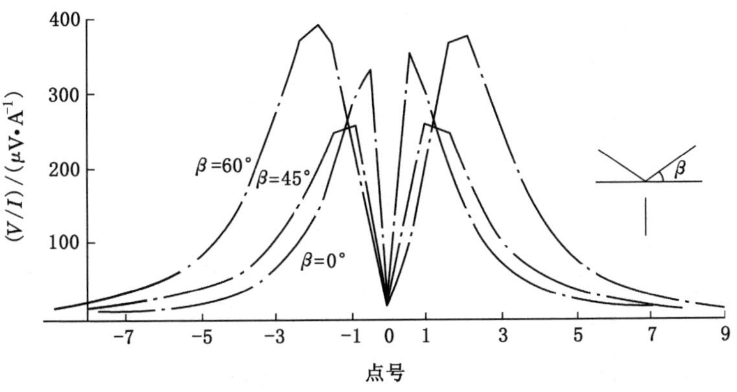

图 4-7-8　山谷地形下直立板状体的异常剖面曲线

（模型：铅板尺寸为 70 cm×40 cm×0.1 cm；$h=5$ cm；回线边长为 10 cm；$t=1.2$ ms）

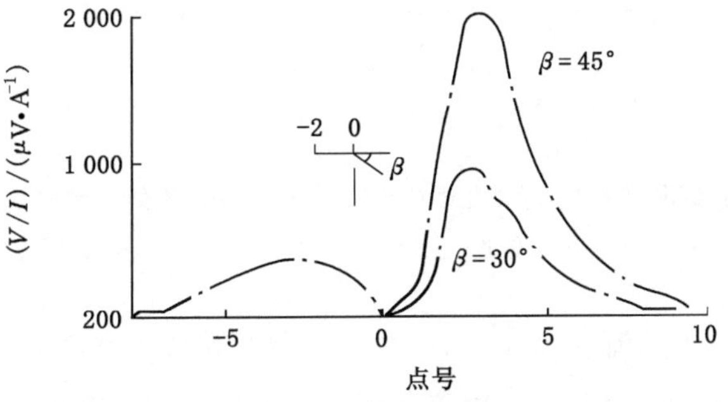

图 4-7-9　山坡地形下直立板状体的异常剖面曲线

（模型：铅板尺寸为 70 cm×40 cm×0.1 cm；$h=5$ cm；回线边长为 10 cm；$t=1.2$ ms）

如图 4-7-10 所示，在早期数据中，导电围岩的起伏为主要影响因素，表现为响应幅值较高，尤其在地形转折点处会出现局部峰值。然而，由于围岩的导电性通常不非常强，这些高值响应会较快地衰减。因此，在中晚期，深部矿体的响应将逐渐突出，而由地形起伏引起的异常呈现 V 形形态。

（六）应用实例

湖南水口山铅锌金矿田是一座著名的老矿山，其中康家湾铅锌金矿是一个大型层控矿床，位于侏罗系底砾岩与栖霞灰岩、显天灰岩、当冲硅质岩的接触破碎带中。矿体以层状缓倾斜的形式产出，埋深不一，存在多层矿藏。电阻率测定结果显示，铅锌金矿石的平均电阻率远低于围岩，而上覆红层的电阻率较低，属于典型的低电阻覆盖层。

在剖面测量中，采用重叠回线装置，使用澳大利亚生产的 SIROTEM-Ⅱ电磁系统进行数据采集。选取延时 0.4～22.2 ms 之内（即 1～18 测道），观测参数为 V/I。

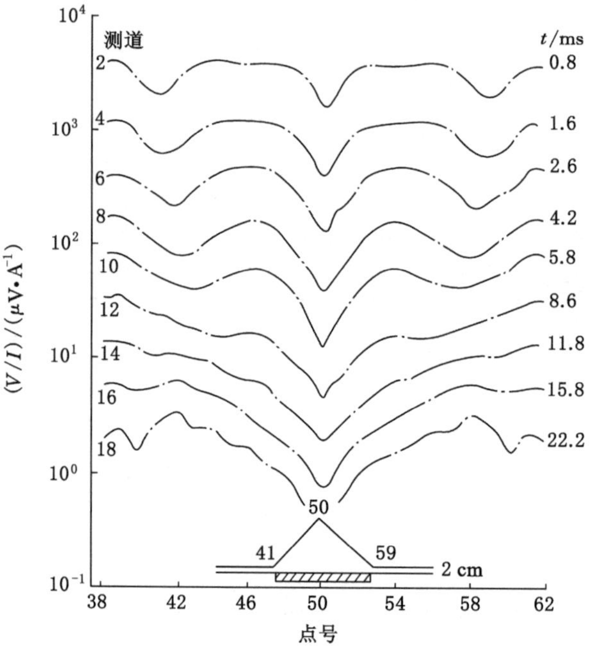

图 4-7-10　由导电围岩构成的山脊地形下的水平板状体的异常响应剖面曲线

（地形模型：铅铸的 45°山脊。矿体模型：水平铜板尺寸为 15 cm×15 cm×0.4 cm；回线边长为 4 cm；点距为 1 cm）

为了提高信噪比，发送电流应大于 5 A，并使用双匝接收回线进行观测。叠加次数根据各观测点的干扰电平来确定，山区远离电网的地区选用 512 次，而近工业设施的地段则可选用 2 048 次或 4 096 次。将每个测道的观测值通过特定公式转换为视电阻率数据，其中涉及的参数单位包括视电阻率（ρ_τ）、回线边长（L）、归一化感应电压值（V/I）和延时（t）。其公式为：

$$\rho_\tau = 6.32 \times 10^{-3} L^{\frac{8}{3}} (V/I)^{-\frac{2}{3}} t^{-\frac{5}{2}}$$

多测道剖面曲线图[图 4-7-11(a)]和视电阻率拟断面图[图 4-7-11(b)]通常用于分析地电断面的横向和纵向变化规律。在剖面曲线中，前 8 道主要反映了浅部地质体的横向变化，呈现出阶梯状曲线。东边的高值区显示了厚层白垩系东井组上段低电阻率红层的分布，而曲线中段的低值响应则反映了侏罗系及二叠系相对较高的电阻率地层。矿层的响应主要体现在 10 测道以后，异常尽管低缓，但在对比背景下仍然清晰可辨，且随测道增加该程度变得更加明显。由于 I 测线矿体埋深较大，异常的出现时间较晚，而异常的综合参数（衰减指数）值分别为特定数值，表明这是由一定规模的良导体引起的。

在视电阻率拟断面图[图 4-7-11(b)]中，等值线清晰地展示了低阻红层的起伏形态以及深部高阻层（P_1q、P_1d）的隆起。尽管拟断面图对矿层的反映不如剖面曲线明显，但在特定的等值线封闭圈上也能观察到矿层的存在。

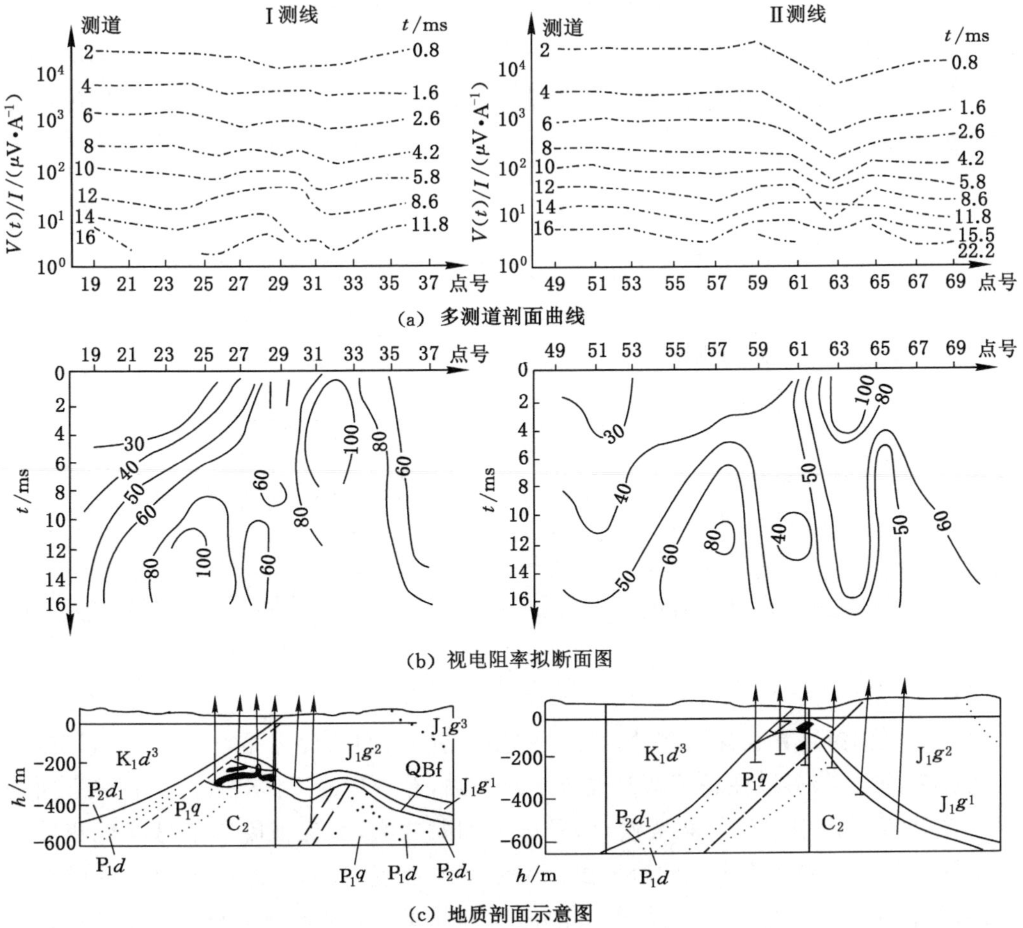

(a) 多测道剖面曲线

(b) 视电阻率拟断面图

(c) 地质剖面示意图

K_1d^3—白垩纪东井组上段（红层）；J_1g—侏罗系高家田组；P_2d_1—二叠系斗岭组；P_1d—二叠系当冲组；P_1q—二叠系栖霞组；C_2—石炭系壶天群；QBf—硅化破碎带。

图 4-7-11　Ⅰ、Ⅱ测线瞬变电磁法综合剖面图

二、瞬变电磁测深法

（一）工作原理

瞬变电磁测深法是一种时间域电磁法，主要应用于地质勘探领域，如矿产资源勘探、水文地质与工程地质调查等。该方法基于电磁感应定律，向地下发射一次脉冲磁场，观测地下介质中产生的二次感应涡流场，从而探测介质电阻率。瞬变电磁测深法具有探测深度大、对低阻体敏感等优点，已成为地质勘探中一种重要的方法。

其工作原理如下：首先，在地面或空中设置通以一定波形电流的发射线圈，产生一次电磁场。其次，在一次电磁场间歇期间，利用线圈或接地电极观测地下导电岩矿体中产生的感应电流，即二次感应涡流场。

（二）装置选择

在瞬变电磁法中常用的测深装置示意图如图 4-7-12 所示，有电偶源、磁偶源、线源和

中心回线等 4 种。中心回线装置是将小型多匝线圈(或探头)放置于边长为 L 的发送回线中心观测的装置,常用于 1 km 以浅地层的测深工作,它与目标层有最佳耦合、受旁侧及层位倾斜的影响较小等特点,所确定的层参数比较准确。其他几种装置则主要用于深部构造的探测。

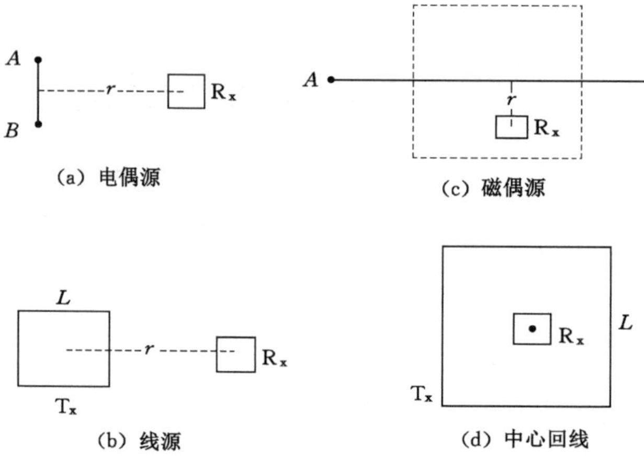

图 4-7-12　瞬变电磁法测深工作装置示意图

线源或电偶源装置是探测深部构造的常用装置,它们的优点是,由于场源固定,可以使用较大功率的电源,可以在场源两侧进行多点观测,有较高的工作效率。这种装置所观测的信号衰变速度要比中心回线装置慢,信号电平相对较大,对保证晚期信号的观测质量有好处。其缺点是前支畸变段出现的时窗要比中心回线装置滞后,并且随极距 r 的增大向后扩展,使分辨浅部地层的能力大大减弱。此外,这种装置受旁侧及倾斜层位的影响较大。

为了估计极限的探测深度,可以使用以下公式。

对于中心回线装置:

$$H_{极限}=0.55\left(\frac{L^2 I\rho_1}{\eta}\right)^{1/5} \tag{4-7-4}$$

对于线源装置:

$$H_{极限}=0.48\left(\frac{AB\cdot Ir\rho_1}{\eta}\right)^{1/5} \tag{4-7-5}$$

式中,I 为发送电流,A;L 为发送回线边长,m;AB 为线源长度,m;r 为极距,m;ρ_1 为上覆层电阻率,Ω・m;$\eta=(R_{s/n})_{min}\eta_n$,为最小可分辨电平,一般为 0.2～0.5 nV/m²,其中 $(R_{s/n})_{min}$ 是最低限度的信噪比,η_n 是噪声电平;$H_{极限}$ 是极限探测深度,m。

$H_{极限}$ 是目标层引起的异常响应为最小可分辨电平时的深度,然而 H_{max} 是人们依据地质任务及可能性给定的一个范围值,$H_{极限}>H_{max}$。由上述公式可见,$H_{极限}$ 正比于 $M^{1/5}$,增大发送磁矩 M 有利于探测深度的提高。M 提高往往受到仪器设备的功率、所使用的供电导线的电阻、接地条件及施工条件等的限制,往往只能采取折中方案。

在已确定出 M_{max} 及 η 值的情况下,也可以利用式(4-7-4)及式(4-7-5)确定出所要求的发送磁矩;然后,根据设备条件(容许的最大输出电流),可以粗略地计算回线边长或 AB 值。

注意，野外使用的供电导线一般要求每千米的电阻应小于 6 Ω。

（三）资料解释

资料解释是揭示地下结构的关键步骤，主要包括资料预处理、定性分析和解释、定量解释等环节。

在资料预处理阶段，需要对实测数据进行去噪、校正和数据整理，以提高数据质量，消除干扰因素，为后续的解释工作奠定基础。定性分析和解释涉及分析 TEM 响应的时间特性和空间分布特征，识别和划分异常区域，推断断裂破碎带、局部地质构造目标等的位置、形态、产状、规模、埋深等，并分析曲线的畸变，制作必要的定性图件，以直观地展示地电断面特征。定量解释在定性解释的基础上进行，利用视纵向电导、视深度等参数，划分岩层垂向分布，计算局部构造的深度，反演地层电阻率、厚度等参数，并结合地质、地球物理条件对解释结果进行验证和修正。

在进行资料解释时，应充分了解工区的地质、地球物理特征，重视异常区域的分析，并结合其他物探方法的成果进行综合解释。注意定量解释的局限性，应结合实际地质条件，对解释结果进行合理修正。利用瞬变电磁测深法进行资料解释，可以有效地确定地质构造的空间分布特点，为工程实际提供可靠的地质信息。

（四）应用实例

现以湖南涟邵煤田为例，来说明瞬变电磁测深法的试验应用效果。

1. 区内地层及电性特征

测区出露地层由新至老依次为第四系(Q)，下三叠统大冶群(T_1d)，上二叠统大隆组(P_2d)、龙潭组(P_2l)，下二叠统当冲组(P_1d)、栖霞组(P_1q)。第四系是由黏土、砂质黏土和砾石组成的冲积、坡积残积层，厚 0～15 m，其电阻率在($n\times10\sim n\times100$)Ω·m 范围内(n 为 1～10 的整数)，为低阻覆盖层。大冶群分布于测区中心地带，总厚度大于 500 m，主要由泥灰岩、泥质灰岩及灰岩组成。大隆组由硅质灰岩、泥质灰岩、厚层砾屑灰岩及薄层硅质岩组成，底部夹有薄层钙质泥岩，全组厚度一般为 70～80 m。大冶和大隆组地层电阻率一般在 100 Ω·m 以上，成为含煤地层的上覆高阻层。龙潭组为本区含煤地层，根据岩性及含煤性分为上、下两段：上段为含煤段，由黑色泥岩、砂质泥岩及浅灰色砂岩互层组成，厚约 100 m，含煤四层；下段不含煤，由泥岩、砂质泥岩、砂岩组成，厚约 300 m。整个含煤地层呈低阻层，电阻率一般为 $n\times10$ Ω·m。当冲组及栖霞组为硅质灰岩、泥岩等，是测区的高阻基底标志层，电阻率一般为 300～500 Ω·m。总之，测区各地层电性存在较明显的差异，是应用电法勘探的前提和基础。

2. 试验应用效果

工作采用中心回线装置，回线边长 L 取 250 m 及 400 m，发送电流 $I=17$ A。测区内平均的电磁干扰电平为 0.24 nV/m^2，属于中等受干扰的地区。少数地段也使用了电偶源装置，$AB=1\ 000$ m，$r=750\sim1\ 250$ m。总共完成了三条剖面 45 个测深点的工作量。野外观测数据经过处理，绘制出了 ρ_τ 曲线类型图、ρ_τ 拟断面图，以及 $S_\tau(h_\tau)$ 曲线类型图。依据这些图件资料及计算机反演的结果，推断确定了含煤地层的顶、底界面。

图 4-7-13 为 13 线瞬变电磁测深综合剖面图。由该图可见，ρ_τ 曲线大都属于 H 型，其极小值均在 20～30 Ω·m 范围内；ρ_τ 拟断面图的低值等值线的分布反映了向斜构造轮廓。

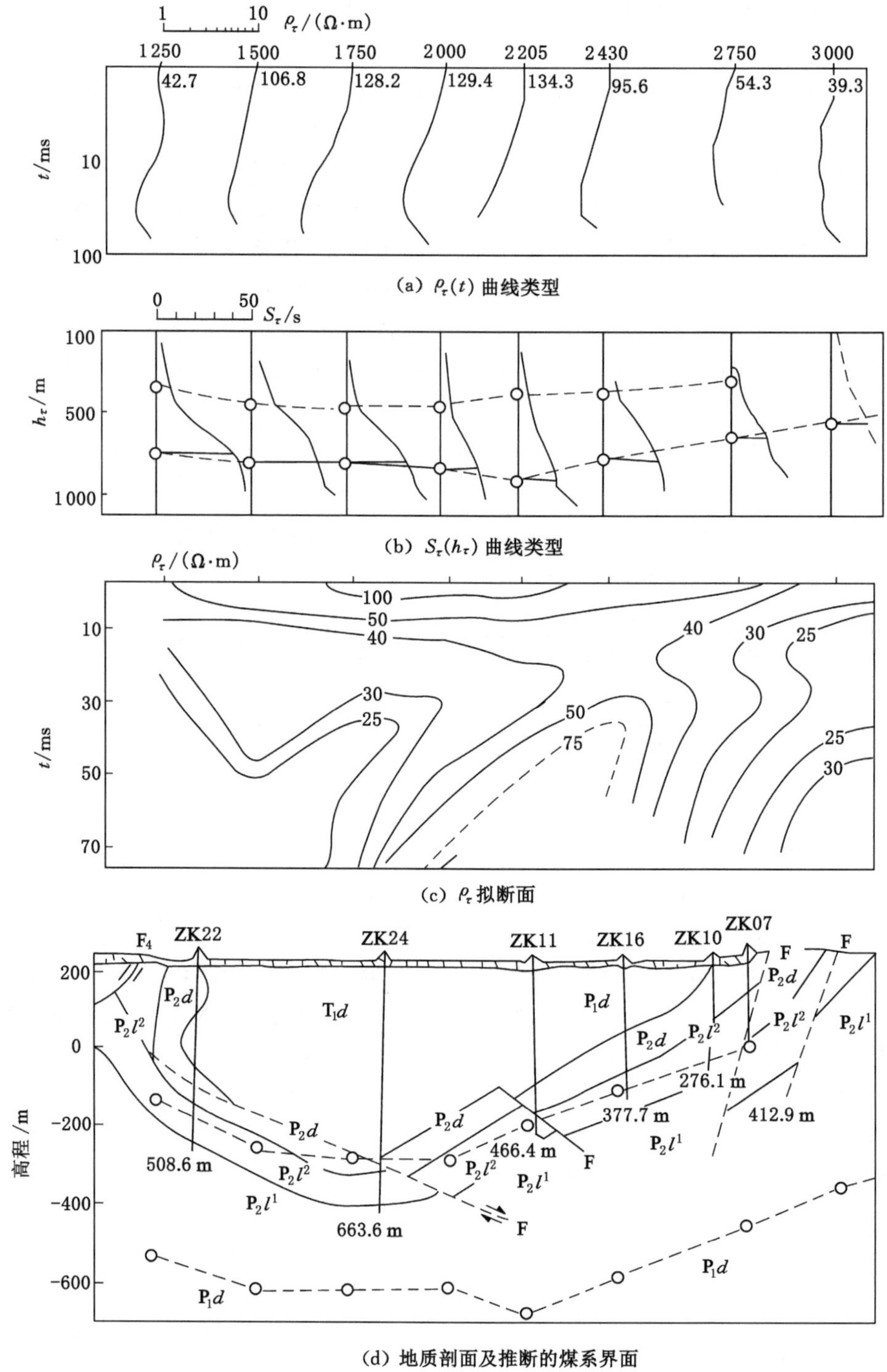

(a) $\rho_\tau(t)$ 曲线类型

(b) $S_\tau(h_\tau)$ 曲线类型

(c) ρ_τ 拟断面

(d) 地质剖面及推断的煤系界面

图 4-7-13 13 线瞬变电磁测深综合剖面图

[中心回线 $L=250$ m；$I=17$ A；时窗 0.8～71.9 ms。T_1d—三叠系大冶群；P_1d—二叠系大隆组；P_2l_2—二叠系龙潭组上段(含煤层)；P_2l_1—二叠系龙潭组下段；P_2d—下二叠统当冲组；F—断层；---○---○---—推断的煤系顶、底界面]

含煤地层的顶、底界面是由经过校正的 $S_\tau(h_\tau)$ 曲线的转折点确定的，表 4-7-1 中列出了推断结果与钻探资料的对比数据，平均相对误差为 6.3%。因此，可以认为所推断的煤系地层顶、底界面基本上能勾画出它的分布状况。

表 4-7-1　推断结果与钻探资料的对比数据

位　　置	1322 孔	1324 孔	ZK11 孔	ZK16 孔
推断顶界深度/m	390	550	440	300
钻探揭露顶界深度/m	380	520	420	340
误差/%	2.6	5.8	4.8	11.8

解释人员在进行人机联做拟合解释的基础上，对该剖面上的 6 个测深点又做了自动拟合反演计算。6 个点拟合总的平均相对误差为 5.9%，推断煤系顶界深度与用 $S_\tau(h_\tau)$ 曲线推断的结果相差不多，平均相对误差为 12.3%。

这一试验结果表明，在涟邵煤田或类似地质条件的地区应用中功率瞬变电磁测深系统，能够确定出埋深在 1～1.5 km 的煤系顶、底界面。在成果图中，由 $\rho_\tau(t)$ 曲线类型图及 ρ_τ 拟断面图可以大致圈定出煤系分布的轮廓。利用经过校正的 $S_\tau(h_\tau)$ 曲线推断确定煤系顶、底界面是行之有效的方法。

第八节　探地雷达法

一、探地雷达法的原理

探地雷达法(ground penetrating radar，GPR)是研究超高频(1 MHz～1 GHz)短脉冲电磁波在地下介质中传播规律的一种电法勘探方法。正弦电磁波的传播特征是探地雷达的理论基础。探地雷达法因其操作简便、数据实时性强、成像清晰度高以及对环境和文物的非破坏性，被广泛应用于地质勘探(如寻找地下水、探测矿藏)、工程和建筑结构检测(如地下管道、基础结构探测)、考古学发掘以及环境监测等领域。随着技术的进步和数据处理算法的改进，探地雷达法在地球科学研究和工程应用中的角色越发重要，为解决地下复杂环境问题提供了有效的工具和手段。

探地雷达法利用的是电磁波在不同介质中传播速度和能量损耗不同的特性。探地雷达系统通常采用频率范围从几百兆赫兹到数千兆赫兹的电磁波进行工作，不同频率的选择取决于所需的探测深度和分辨率。高频电磁波能提供更高的空间分辨率，但通常穿透深度较浅；而低频电磁波则可以探测较大深度，但分辨率相对较低。

探地雷达法的基本原理是在地表或其他介质上放置一个发射天线 T，用来发射高频电磁脉冲波束，这些波束穿透地下并与地下不同材料(如土壤、岩石、水、空隙等)的界面发生反射、折射或散射，接收天线 R 接收这些反射回来的信号(图 4-8-1)，然后通过计算和分析这些信号的时间延迟和幅度变化，可以生成地下物质的高分辨率二维或三维图像。其脉冲波行程需时为：

$$t=\sqrt{4z^2+x^2}/V \tag{4-8-1}$$

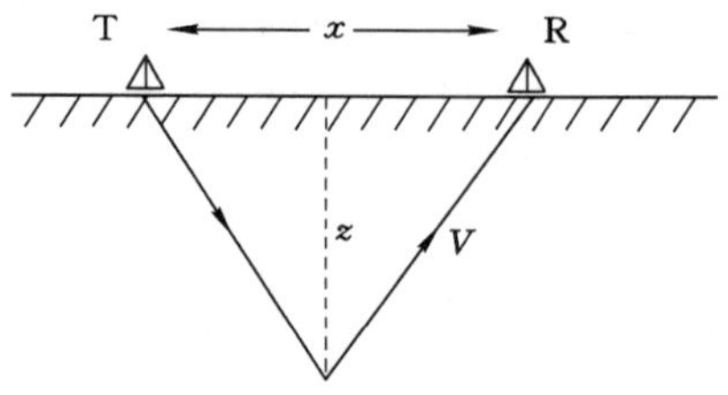

图 4-8-1　探地雷达法装置

当地下介质中的波速 v(m/ns)为已知时,可根据精确测得的走时(单位为 ns,1 ns=10^{-9} s),由式(4-8-1)求出反射物的深度(m)。

雷达图形常以脉冲反射波的波形形式被记录。波形的正负峰分别以黑色、白色表示,或者以灰阶或彩色表示。这样,同相轴或等灰度、等色彩即可形象地表征出地下反射面。图 4-8-2 为探地雷达法剖面记录示意图。图中对照一个简单的地质模型,画出了波形的记录。在波形记录图上,各测点均在测线的竖直方向记录波形,从而构成雷达剖面,与反射地震剖面非常相似。

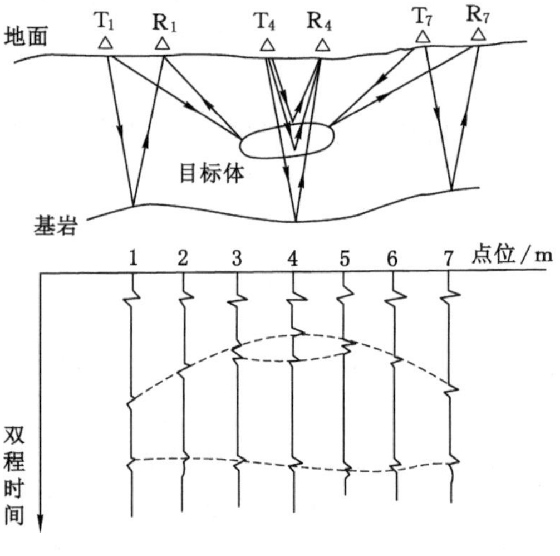

图 4-8-2　探地雷达法剖面记录示意图

二、电磁波的传播特点

(一) 电磁波在介质中的传播速度

探地雷达法测量的是地下界面的反射波走时。为获取地下界面的深度,必须要有介质的电磁波传播速度 V。V 可用宽角法直接测量,也可以根据近似计算公式计算:

$$V \approx \frac{c}{\sqrt{\varepsilon_r}} \tag{4-8-2}$$

式中,c 为真空中电磁波传播速度,c=0.3 m/ns;ε_r 为相对介电常数。

式(4-8-2)表明,对大多数介质来说,电磁波传播速度 V 主要取决于介质的介电常数。

（二）电磁波在介质中的吸收特性

吸收系数决定了场强在传播过程中的衰减速率，探地雷达工作频率高，在地下介质中以位移电流为主，即 $\sigma/(\omega\varepsilon)\ll 1$，这时 β 的近似值为：

$$\beta=\frac{\sigma}{2}\sqrt{\frac{\mu}{\varepsilon}} \tag{4-8-3}$$

即 β 与导电率成正比，与介电常数的平方根成反比。在空气中，$\sigma=0$，则 $\beta=0$。当 $\sigma/(\omega\varepsilon)\gg 1$ 时，有：

$$\beta=\sqrt{\frac{\sigma\mu\omega}{2}} \tag{4-8-4}$$

可见 β 与 σ、f 有关，但与 ε 无关；当为高导介质或使用高频时，β 将增大。

（三）电磁波的反射系数

电磁波在传播过程中，遇到不同的阻抗界面时将产生反射波和透射波，其反射与透射过程遵循反射与透射定律。反射波能量取决于反射系数 R，反射系数的数学表达式为：

$$R=\frac{\sqrt{\varepsilon_{r1}}-\sqrt{\varepsilon_{r2}}}{\sqrt{\varepsilon_{r1}}+\sqrt{\varepsilon_{r2}}} \tag{4-8-5}$$

三、探地雷达法的应用实例

本案例目标区位于长沙市望城区某市政道路支路，要对双向两车道全路段范围内存在的路面板脱空病害进行探测。根据现场探勘资料，探测路段为混凝土道路。由于该路段车流量较大，复杂、低效率的检测设备就会显得特别吃力，因此我们采用快速、便捷、高精度的探地雷达法对该市政道路支路混凝土面板下的脱空情况进行探测，并采用钻探法进行验证，相关结果如图 4-8-3 所示。

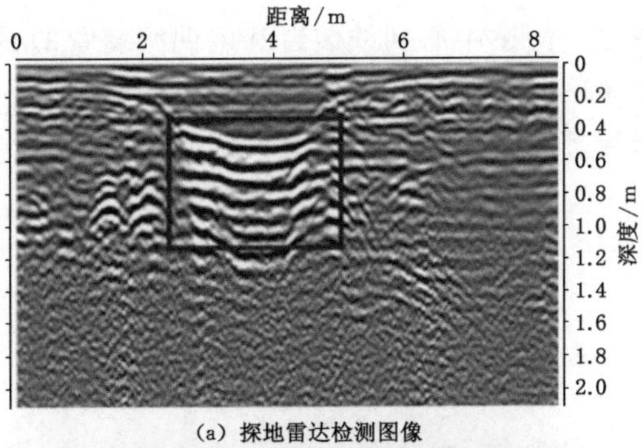

（a）探地雷达检测图像

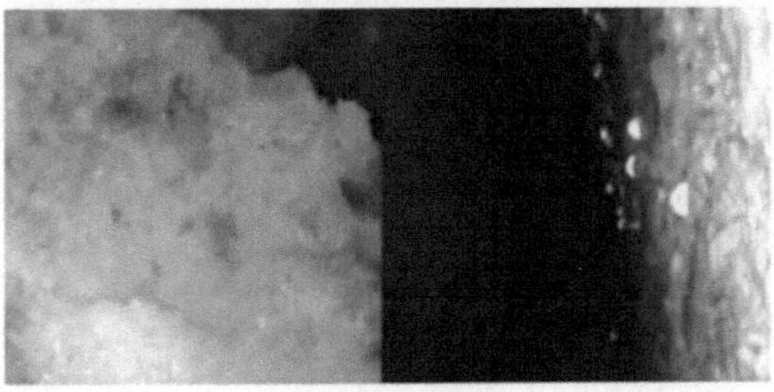

（b）钻探验证结果

图 4-8-3　探地雷达检测图像和结果验证

由图 4-8-3(a)可知,混凝土面板的总厚度约为 300 mm,在路面板下方出现了明显的异常信号,异常处顶部探地雷达图谱反射信号能量明显增强,顶部形成连续的同向性反射波,表现为似平板状形态,多次反射波明显。根据雷达剖面特征和正演模拟理论图像,判断该异常为路面板下部脱空病害,推断脱空范围为 3 000 mm(东西方向)×900 mm(南北方向)。经现场复测并钻探验证,结果如图 4-8-3(b)所示。该路面板脱空范围与探地雷达图像圈定的范围较吻合,具体为 2 700 mm(东西方向)×800 mm(南北方向),最大净深为 260 mm,顶部埋深为 300 mm。

练习与思考题

1. 电法勘探的原理及分类是什么?
2. 什么是岩(矿)石的电阻率?影响岩(矿)石电阻率的影响因素有哪些?
3. 名词解释:① 点电源;② 地电断面;③ 联合剖面法的正交点、反交点;④ 视电阻率;⑤ 极化率。
4. 什么是联合剖面法?联合剖面法适合寻找哪一类地质体?
5. 试分析联合剖面法装置通过直立良导脉体时的视电阻率曲线的变化情况。
6. 为什么不同极距的联合剖面曲线可以判断地质体的倾向?
7. 什么是中间梯度法?中间梯度法适合寻找哪一类地质体?
8. 什么是电剖面法?什么是电测深法?
9. 请画出二层地电断面的电测深曲线。
10. 请画出 H 型、A 型、K 型和 Q 型三层电测深曲线。
11. 什么是激发极化法?
12. 激发极化法适合寻找哪一类地质体?
13. 什么是瞬变电磁法?简述中心回线装置和电偶源装置的野外工作方法。
14. 探地雷达的基本原理是什么?它的主要应用有哪些?
15. 高密度电阻率法与常规的传导类电法有何异同?

第五章 地震勘探

地震勘探是以岩(矿)石之间的弹性性质的差异为基础,通过观测和研究人工地震(炸药爆炸或锤击激发)产生的地震波在地下的传播规律,来推断地下岩层的性质和形态的一类地球物理勘探方法。

地震勘探指由人工激发的地震波,穿过地下介质并继续运动,在遇到弹性分界面时返回地面,地面上的仪器接收返回的地震波信号并将其记录下来,对记录进行分析解释,进一步了解地下介质的情况。地震勘探方法与其他物探方法相比,它的穿透深度大、精确度高且可以得到较单一的解释结果,所以应用较广泛。

地震勘探根据产生波的弹性介质的形变类型,可以分为纵波勘探和横波勘探两大类。根据波传播方式的差别,分为反射波法、折射波法和透射波法三种。其中,反射波法、折射波法是最基本的方法。根据工作环境的不同可以将地震勘探分为地面地震勘探、海洋地震勘探和地震测井(井中勘探)三类。根据勘探目的的不同可分为石油(气)地震勘探、煤田地震勘探和工程地震勘探。根据勘探的深度不同可分为浅层、中层和深部地震勘探。

目前,地震勘探已普遍实现了数字化。地震勘探可以快速地查明复杂的储油气和含煤构造,而且在岩性、岩相研究和直接找油等方面取得了显著进步。地震勘探可以在水文地质、工程地质工作中确定地下含水层、查明地下水位、研究基岩起伏、追索断裂带、确定覆盖层厚度等。地震勘探还可以探测地下构造(如第四系厚度和基岩起伏)、含水层和古河道、断层、裂隙带等,间接寻找与构造有关的矿产,进行灾害监测(如滑坡及地表沉降)等。

第一节 地震勘探的基础知识

一、地震波的形成

在地震勘探过程中,通常采用炸药爆炸或锤击地面的形式产生地震波,地震波激发时,在激发点附近首先形成一个塑性和非线性形变带,区域内岩土破裂和挤压变形,向其周围压强逐渐减小,直至其周围介质能产生完全的弹性形变。非线性形变区边缘的质点在激发脉冲的挤压下将产生围绕其平衡位置的振动,形成初始的地震子波;这种振动是一种阻尼振动,在介质中沿射线方向向四周传播,最终形成地震波,又称为地震弹性波。

二、地震波的描述

(一) 地震波的类型

地震波可分为体波和面波两大类。体波是指在介质的整个体积内传播的波,根据其传播特征的不同,又可分为纵波和横波(纵波被称为 P 波,横波称为 S 波)。面波是沿介质的自由表面或两种不同介质的分界面传播的波，根据其不同性质，又可分为瑞利波和勒夫波等。

弹性介质发生体积形变(即拉伸与压缩形变)所产生的波动称为纵波，纵波又称压缩波(或 P 波)，该波的传播方向和质点的振动方向一致。弹性介质发生剪切形变时所产生的波动称为横波，又称为剪切波(或 S 波)，横波质点的振动方向与波的传播方向相互垂直。根据弹性力学理论，还有两种面波只在两种介质的界面传播，分别为瑞利波与勒夫波。瑞利波是沿介质与大气层接触的自由表面传播的面波。勒夫波是沿两种弹性介质分界面传播的。

(二) 地震波的特征图示

目前可以通过数学物理的方法和图形的方法等来表述地震波的振动特征和传播过程，在实际的地震勘探工作中我们可以选择一些比较直观、简便的图形方法来表述。几种常用的表述地震波的方法和有关概念叙述如下。

1. 振动图和波剖面图

(1) 振动图

描述质点振动位移随时间变化的图形称为振动图，振动图是地震信号在时间域上的一种表现形式。在实际地震记录中，每一道记录就是一个观测点的地震波振动图。假设在离震源 O 距离为 r_1 的 A 点上[图 5-1-1(a)]，观测质点振动位移随时间的变化规律，用时间 t 为横坐标，质点位移 u 为纵坐标作图，可得到图 5-1-1(b)所示的图形。从该图中可看出该点地震波振动的位移大小(称之为振幅值变化)、振动周期(T)、延续时间(Δt)等特征。

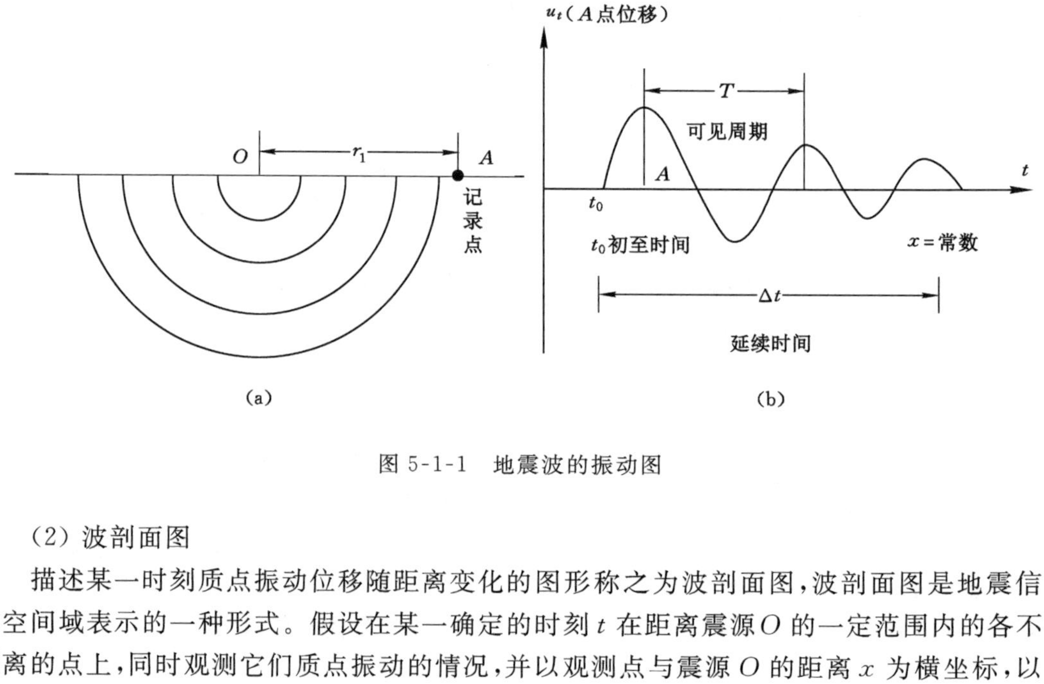

图 5-1-1 地震波的振动图

(2) 波剖面图

描述某一时刻质点振动位移随距离变化的图形称之为波剖面图，波剖面图是地震信号在空间域表示的一种形式。假设在某一确定的时刻 t 在距离震源 O 的一定范围内的各不同距离的点上，同时观测它们质点振动的情况，并以观测点与震源 O 的距离 x 为横坐标，以质点离开平衡位置的位移 u 为纵坐标作图，得到图 5-1-2(b)所示的图形。从该图中可以看出质点振动的波长 λ 以及该时刻的起振点 x_2(波前)及停振点 x_1(波尾)等特征。

其实，地震波的振动图和波剖面图与震源及传播介质的性质有密切关系，当震源和传播介质一定时，振动位移 u 是时间 t 和观测位置 x 的函数，即 $u=u(t,x)$。这两种图形之间有

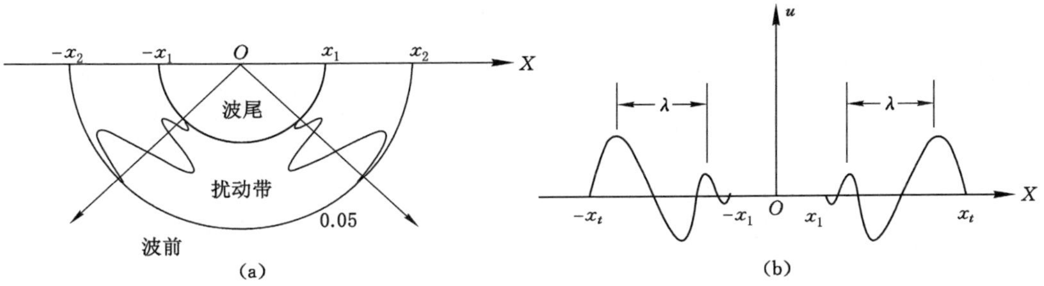

图 5-1-2 波剖面示意图

密切的关系。图 5-1-3 为波剖面图和振动图之间的对应关系。

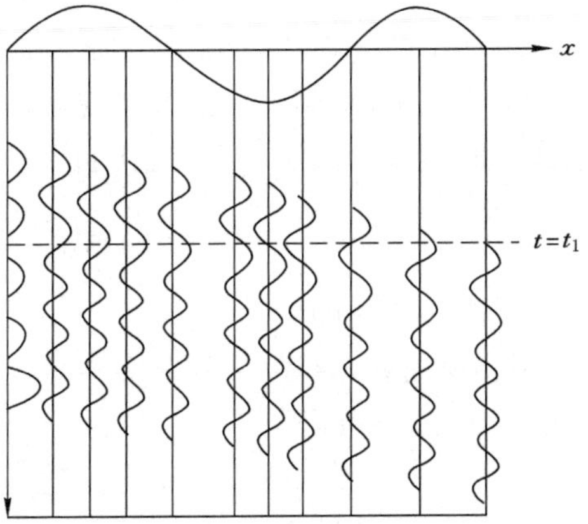

图 5-1-3 波剖面图和振动图之间的对应关系

2. 时间场和等时面

在时间场中,如果将时间值相同的各点连接起来,在空间构成一个面,在面上的任意点地震波到达的时间相等,称为等时面。在均匀各向同性弹性介质中点震源作用下的等时面是一系列以震源点为中心的同心球面,如图 5-1-4 所示。对于非均匀介质而言,其等时面则为一系列相应的不规则曲面。由于波射线始终垂直于波前面,因此在时间场中波射线和等时面相垂直,如图 5-1-5 所示。

(三) 地震波的频率和振幅

1. 地震波的频谱及其分析

任何一束地震波皆可用一个波形函数 $A(t)$来描述,而 $A(t)$可以看作由无限多个频率连续变化的谐和振动叠加而成。地震波的频谱是地震信号在频率域显示的一种形式,频谱的自变量是频率。频谱可分为两种,振幅随频率变化的关系称为振幅谱,初相位随频率的变化关系称为相位谱。

地震波是一个非周期的脉冲振动,它是由无限多个不同频率、不同振幅、不同相位、不同周期的谐和振动组成的。地震波频谱特征的分析是地震勘探技术的一个重要方面,如根据有效波和干扰波的频段差异,可用来指导野外工作方法的选择,并给数字滤波和资料解释等工作提供依据。

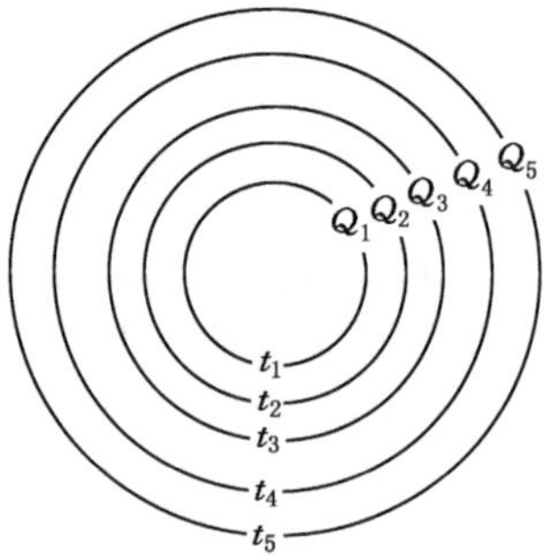

图 5-1-4　均匀介质中的等时面是同心球面

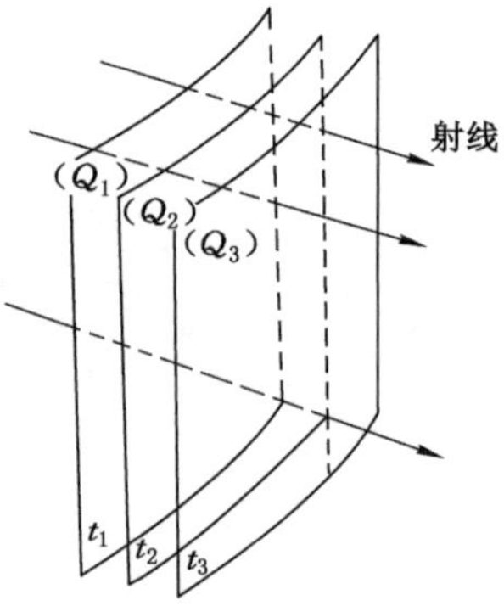

图 5-1-5　等时面族同射线族的正交关系

地震波的频谱分析方法是以傅里叶变换为基础的。为了研究地震波的频谱特征，可用傅里叶变换将波形函数变换到频率域中，得到振幅随频率变化的函数，这种变换过程称为频谱分析方法。信号在频率域或在时间域的表示，两者是等价的。其对应关系可由傅里叶变换式来表示。

2. 地震波的频谱特征

地震波是人工激发的振动，具有连续的频谱，图 5-1-6 所示为一条波的振幅谱曲线，该图中振幅谱曲线极大值所对应的频率 f_0 为主频，频带宽度为 $\Delta f = f_2 - f_1$。

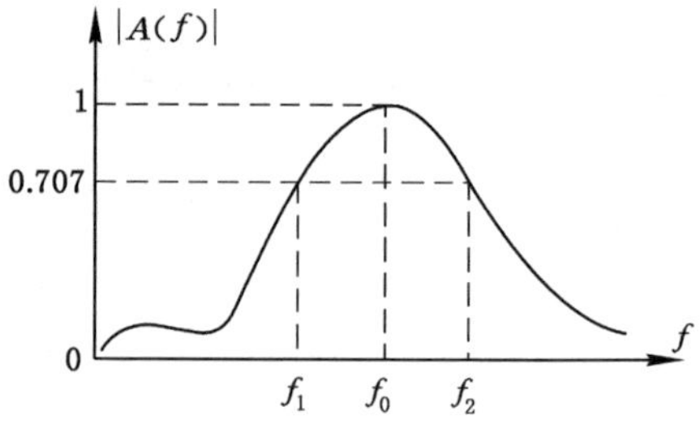

图 5-1-6　一条波的振幅谱曲线及其主要参数

通过实际分析发现，不同类型地震波的能量主要分布频带范围也不同，如图 5-1-7(a)所示。图(b)则表示了能量分布和视波长之间的关系。

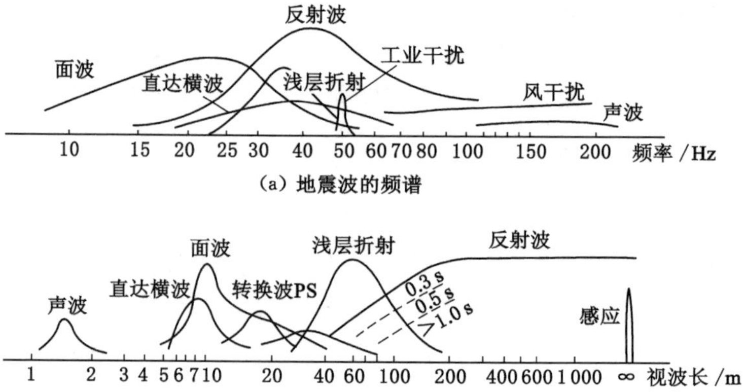

(a) 地震波的频谱

(b) 地震波的视波长谱

图 5-1-7　地震波的频谱和视波长谱

由图 5-1-7 可以看到，波的类型不同，频谱特征不同。在地震勘探中，有效识别它们有助于提高信噪比。当工作中使用的震源不同，或下伏岩层的深度和厚度等不同时，会引起地震波频谱的变化。如用大炸药量激发的地震波比小药量或锤击等机械震源激发的地震波频段要低，下伏岩层深度越深，厚度越大，其反射信号的频段也往往越低。这些特征在地震勘探中必须注意。

3. 地震波的振幅及其衰减规律

地震波从激发、传播到被接收，它的振幅和波形都要发生变化，影响因素很多。如图 5-1-8 所示，影响地震波振幅的因素主要有三种，分别是激发条件的影响、地震波在传播过程中受到的影响以及接收条件的影响。此外，地下岩层界面的形态和平滑程度等也会对地震波的振幅有影响。

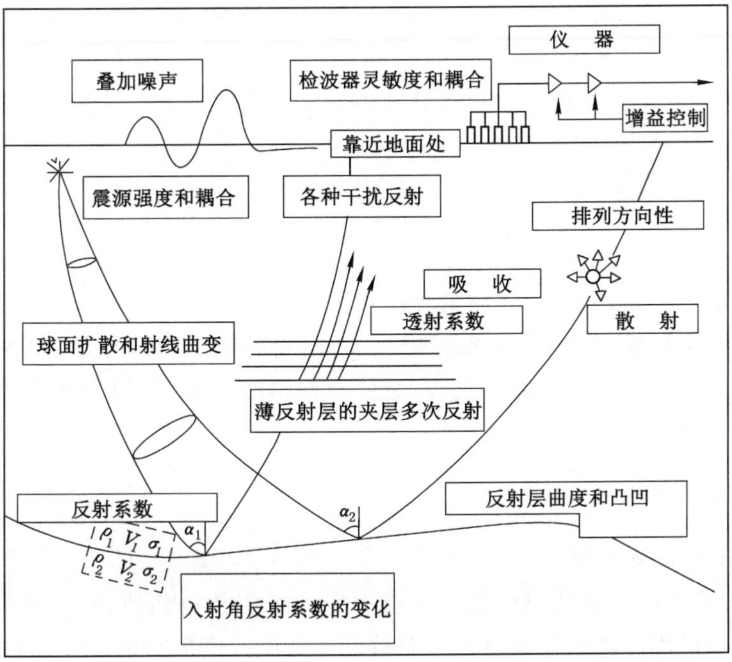

图 5-1-8　影响地震波振幅的因素

在分析影响地震波振幅衰减变化的各种因素时，对可以人工控制选择的因素暂不做讨论，主要讨论与地下地层岩性等直接有关的因素。地震波在传播过程中随着传播距离（或深度）的增加，波的频率成分会逐渐变化，高频成分逐渐被吸收，波的振幅按指数规律衰减，通常称为大地低通滤波器效应，下文就产生这类效应的原因进行分析。

（1）波前扩散

在均匀介质中，波为球面波，随着传播距离的增大，球面逐渐扩展，但总能量保持不变，而单位面积上的能量减少，这就称为球面扩散（波前扩散）。

在实际中，由于自然界介质并非均匀介质，尤其在各向异性的情况下，波的扩散过程会产生相应的变化，而不遵循球面扩散规律。

(2) 吸收衰减

由于实际岩层并非理想的弹性介质,在地震波的传播过程中,其质点间的相互摩擦消耗了振动的能量,造成地震波振幅的衰减,称此为介质对地震波的吸收衰减。

理论上可以证明,地震波的这类衰减,除与波的频率有关外,随着传播距离的增大其振幅按负指数规律变化,即

$$A = A_0 e^{-\alpha(f) \cdot r} \tag{5-1-1}$$

式中,A 为地震波的振幅;A_0 为地震波的初始振幅;r 为传播距离;$\alpha(f)$为与频率有关的吸收系数,1/m,它表示单位距离振幅的衰减率,也可用单位波长距离振幅衰减的分贝数(dB/λ)来表示。

此外,吸收系数还与地震波的频率密切相关,同一种介质的吸收系数与波的频率成正比,频率越高,则吸收系数越大。地震波在传播中,介质相当于一个低通滤波器,过滤了高频成分,而保留了较低的频率成分。这种大地岩土介质的滤波作用,往往使得浅层地震波的频率较高,深层地震波的频率较低。

综合上述地震波受波前扩散和吸收衰减影响的分析结果,在介质中传播的振幅变化规律可表示为:

$$A = \frac{A_0}{r} e^{-\alpha(f) \cdot r} \tag{5-1-2}$$

式(5-1-2)中各符号意义和式(5-1-1)中的相同。式(5-1-2)说明,随着地震波传播距离的增大,它的频率会变低,振幅也变得越来越小。

此外,地震波在传播过程中,当遇到不同岩层的分界面时,将产生波的透射、反射以及波的转换等,若是不平整的介质界面,还会有波的散射(漫反射),这些过程都会损耗地震波的能量,使波的振幅减小。

三、地震波的传播特征

(一) 地震波的传播原理

地震波的传播方向是沿波射线的方向进行的。因此在观测地震波时,只有和波射线的方向一致,才能测得传播速度的真值 V。而沿任一观测方向测得的速度值,并不是地震波传播的真实速度值,而是沿观测方向距离(该距离不等于波传播的实际路径)和波实际传播时间的比值,称为视速度 V^*。

设一平面波波前在 t 和 $t+\Delta t$ 时刻分别到达地面上 x_1 和 x_2 点,这时波前传播的距离差为 Δs,而时间差为 Δt,于是真速度为:

$$V = \frac{\Delta s}{\Delta t} \tag{5-1-3}$$

但由于观测是在地面进行的,地面上 x_1 和 x_2 两点间的距离为 Δx,好像是波在 Δt 时间内传播的距离,于是在地面测得的视速度为:

$$V^* = \frac{\Delta x}{\Delta t} \tag{5-1-4}$$

由图 5-1-9 可以看出:

$$\Delta s = \Delta x \sin \alpha = \Delta x \cos e$$

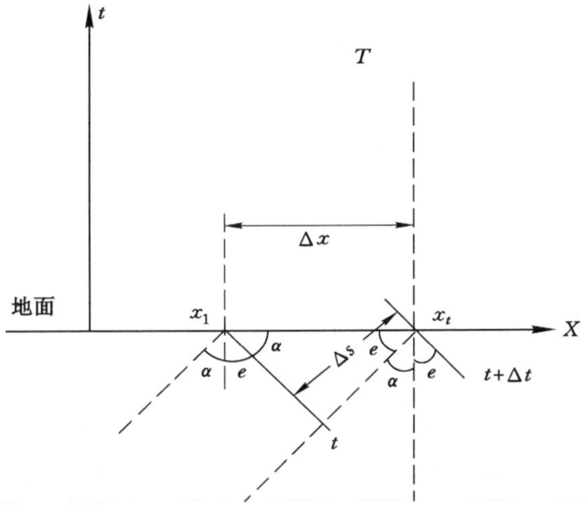

图 5-1-9　真速度 V 和视速度 V^* 的关系

于是有：

$$V^* = V/\sin\alpha = V/\cos e \tag{5-1-5}$$

式中，α 为波射线与地面法线之间的夹角（称入射角）；e 为波前与地面法线之间的夹角（称出射角）。

式(5-1-5)表示视速度 V^* 和真速度 V 之间的变化关系，称为视速度定理。

地震波与声波、光波有着相似的波动性质，所以地震波在传播的过程中遵循声波和光波传播的基本原理。可将这些原理引入研究地震波的领域，下面介绍应用较多的惠更斯原理和费马原理。

惠更斯原理又称波前原理，若已知地震波在某一时刻的波前位置，就可求出任意时刻的新的波前面位置。费马原理又称射线原理或最小时间原理，它指出地震波总是沿地震射线传播，以保证波到达某点时所用的旅行时间最短。在均匀各向同性介质中，从一个等时面到另一个等时面，只有垂直距离最短，因此波沿垂直于等时面的方向传播所用旅行时间最短。

（二）地震波的反射、折射和透射

1. 地震波的反射

反射角等于入射角，反射线、入射线位于反射界面法线的两侧，反射线、入射线和法线位于同一个平面内，这就是反射定律。地震波的反射遵循反射定律。当上、下岩层的波阻抗（即密度与速度的乘积）不相等，入射波传播到两种岩层的分界面时，就会使其中一部分能量返回原来的介质，形成反射波，且入射角 α_1 与反射角 α_2 相等，这种具有波阻抗差异的界面称为反射界面。因此，反射波的形成条件是地下岩层存在波阻抗分界面（即反射界面）。上、下两层介质的波阻抗差别越大，反射波越强。

2. 地震波的折射

地震波在传播过程中，当遇到波速不同的介质分界面，且当界面以下的波速 V_2 大于界面以上的波速 V_1 时，根据斯涅尔定律，波的透射角必大于其入射角（$\beta>\alpha$），且随着入射角 α

的增加而加大，当入射角 α 增大至某角度 i 时，将会使其透射角 $\beta=90^\circ$，这时有：

$$\sin i=\frac{V_1}{V_2} \tag{5-1-6}$$

于是透射波将沿界面滑行，产生了类似光学中的全反射现象，如图 5-1-10 所示。这特殊的透射波通常称为滑行波，界面上相应的入射点称为临界点，i 角称为临界角。

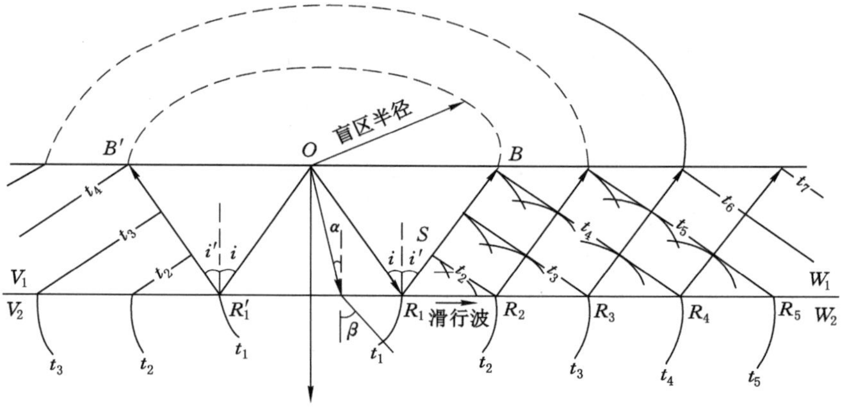

图 5-1-10　折射波的形成与传播

根据惠更斯原理，滑行波经过界面上的各点，都可看作一个新的振动源。由于界面两侧的介质质点存在着弹性联系，当滑行波沿着界面传播时，必然引起界面上各质点的振动，在上层介质中将产生新的地震波，在地震勘探中称它为折射波。只有界面下层介质的波速大于上层介质的波速，且入射角要达到形成折射波的临界角，才能形成折射波。

折射波的波前是界面上各点源向上覆介质中发出的半圆形子波的包线。折射波的射线是垂直于波前的一簇平行直线，并与界面法线的夹角为临界角。从震源到观测到折射波的起始点之间不存在折射波，称为折射波的盲区。盲区半径 X_m 为：

$$X_m=2h\frac{\sin i}{\cos i}=2h\left[\left(\frac{V_2}{V_1}\right)^2-1\right]^{-\frac{1}{2}} \tag{5-1-7}$$

一般情况下，折射波只有在炮检距大于两倍折射界面深度时才能观测到，即

$$X_m>2h \tag{5-1-8}$$

3. 地震波的透射

只有地下岩层存在速度分界面，才能形成透射波。入射线、透射线位于法线的两侧，入射线、透射线、法线在同一个射线平面内，透射角和入射角满足透射定律，亦满足斯涅尔定律。

（三）地震波的绕射和散射

以上是各种理想条件下地震波的传播规律，但在实际工作中，地下岩层的界面往往不那么完整和平滑，因此在界面的突变点和不平地段将产生地震波的绕射和散射现象。绕射波在地层的突变点（绕射点）产生，绕射点正上方信号最强。当界面不平时，反射波随之发生无规律的反射（散射或漫反射），即散射波。多次反射波也是一种干扰波，这会给解释工作带来困难，所以这些干扰波在地震勘探中应消除。

四、地震波在岩石中的传播

(一) 地震波在沉积岩、变质岩和火成岩中传播的速度特征

1. 沉积岩

地震波在沉积岩中的传播速度主要取决于岩石的组分及其胶结作用,勘探结果的好坏主要取决于地质条件。表 5-1-1 所列为部分沉积岩的波速和波阻抗的一般范围。

表 5-1-1 部分沉积岩的波速和波阻抗的一般范围

岩石	速度 $V_P/(m \cdot s^{-1})$	波阻抗 $\rho V_P/(\times 10^4\ g \cdot cm^{-2} \cdot s^{-1})$
干砂、砾石	100~600	2.8~14
灰岩、白云岩	2 000~6 250	35~180
湿砂、砾石	200~2 000	3~40
黏土	1 200 ~2 800	15 ~65
疏松砂岩	1 500~2 500	27 ~60
泥灰岩	2 000~4 700	20 ~120
致密砂岩	1 800~4 300	40 ~116
硬石膏、盐岩	4 500~6 500	110 ~140

2. 变质岩

由于受高压和高温的作用,变质岩在形成时变得致密并且形成结晶,导致弹性系数增大。这种岩石在自然条件下波速随着深度的增加而增大,但变化程度不大。结晶的和沉积的片岩则具有较大的各向异性值,且其吸收系数很小,一般为 $n \times 10^{-3}\ m^{-1}$。

3. 火成岩

火成岩一般来说同样具有比沉积岩大的波速,其中,颗粒较大的侵入岩则呈现出比喷出岩具有更快的波速,例如辉长岩中的波速比玄武岩的大,而多孔隙的凝灰岩波速则很小,大约只有 2 000 m/s。

(二) 影响地震波速度的主要因素

1. 密度

影响波速的主要因素为介质的密度和孔隙度。一般情况下,岩石越致密,波速越大。纵波速度随岩石密度的增大而增加。

2. 孔隙度

从结构上来看,岩石主要由矿物颗粒[即岩石的骨架(基质)]和被各种气体或液体充填的孔隙组成。孔隙度是影响速度的重要因素,随着孔隙度的增加,波速值变小,而孔隙度的变化便伴随着岩石密度的变化,孔隙度和密度呈线性反比例关系。

3. 压力和温度

岩石的结构骨架和其孔隙度及充填物质都会受到地层压力的影响。一般情况下,波速随着地层压力的增大而增大。温度主要和岩石组分的状态(晶化或熔化等状态)有关,会影响到岩石的弹性性质。地层压力和温度对深部岩层波速的影响较明显。

4. 埋藏深度和地质年代

相同的岩石在埋藏深度不同时，其波速往往不同，通常岩层的埋藏深度越大，波速越大。此外，同样的岩石，当地质年代不同时，地震波的传播速度也有所不同。一般年代老的岩层比新岩层具有较大的波速。波速随深度增加而增大，对于同一深度，则地质年代较老的岩层波速较大。

5. 其他因素

地质构造运动、岩层的风化侵蚀等都会引起波速的变化，如在强烈的褶皱区往往可观测到波速的增大，而风化侵蚀区的波速减小。

第二节　理论时距曲线

当地下存在不同波速界面时，地震波的传播过程不尽相同。为了更好地分析地震波传播特征，首先分析各种典型地质界面折射波和反射波的表现形式和传播规律。

一、直达波理论时距曲线

直达波是从震源出发，不经过界面的反射、折射而直接到达各接收点的地震波。假设地下为均匀介质，波在其中传播的速度为 V_0。以震源 O 作为坐标原点，则在距离震源点为 x 的接收点处的旅行时可表示为：

$$t=\frac{x}{V_0} \tag{5-2-1}$$

式(5-2-1)即直达波的时距曲线方程，其时距曲线为两条通过原点对称于 t 轴的直线，如图 5-2-1 中的 S_1 和 S_2 所示。此直线斜率的倒数为 V_0，即地表覆盖层的波速。其他类型的波如声波也符合这种传播规律，只是时距曲线的斜率不同而已。

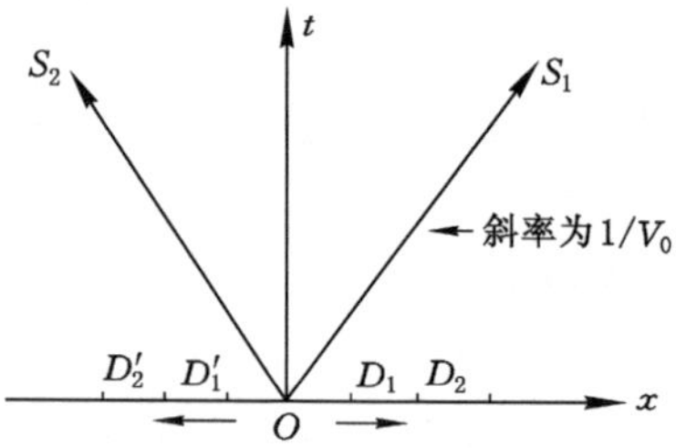

图 5-2-1　直达波时距曲线

二、折射波理论时距曲线

（一）水平界面的折射波时距曲线

1. 两层介质

假设地下有两层介质，其分界面 R 为水平的，深度为 h，地震波在上、下两层介质中传播的速度分别为 V_1 和 V_2，且 $V_2>V_1$，如图 5-2-2 所示。从激发点 O 到地面某一接收点 D 的距离为 x，则折射波的传播路径为 OA、AB、BD，则它的旅行时 t 为：

$$t=\frac{OA}{V_1}+\frac{AB}{V_2}+\frac{BD}{V_1} \tag{5-2-2}$$

式中，$OA=BD=h/\cos i$，i 为临界角，则折射波的总旅行时为：

$$t=\frac{x}{V_2}+2h\frac{\sqrt{V_2^2-V_1^2}}{V_2V_1} \tag{5-2-3}$$

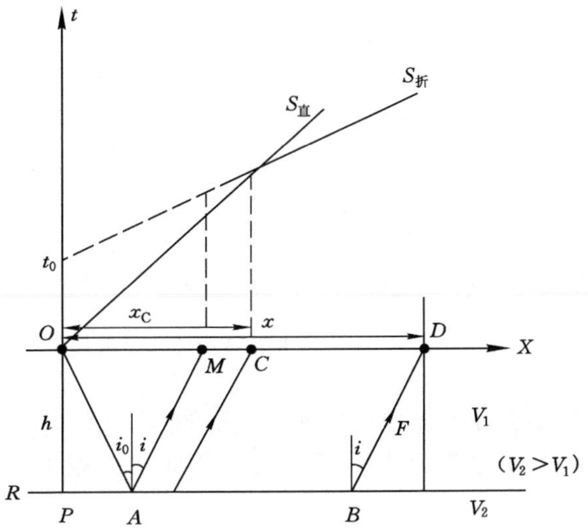

图 5-2-2　水平两层介质折射波时距曲线

式(5-2-3)为水平两层介质的折射波时距曲线方程，时距曲线为一条直线，其斜率的倒数为 V_2 值。若令 $x=0$，则可得到时距曲线的截距时间 t_0：

$$t_0=\frac{2h\cos i}{V_1}=2h\frac{\sqrt{V_2^2-V_1^2}}{V_2V_1} \tag{5-2-4}$$

由式(5-2-4)可以看出，界面深度 h 和截距时间 t_0 有关，当已知 V_1 和 V_2 时，可求得界面深度 h。

2. 三层介质

如图 5-2-3 所示，地下有三层水平介质，地震波在其中传播的速度分别为 V_1、V_2、V_3，且 $V_3>V_2>V_1$，两个分界面分别为 R_1 和 R_2，界面 R_2 上产生的折射波的传播路径为 OA、AB、BE、EF、FD。

图 5-2-3 中 S_1 为直达波时距曲线，S_2 为 R_1 界面的折射波时距曲线，S_3 为 R_2 界面的时距曲线，三条曲线彼此相交，分别交于 P_1 和 P_2 点。在交点附近，地震波接收会彼此干扰，不利于不同折射界面的识别。

与两层介质地震波传播过程相似，可推导得到三层介质时距曲线(R_2 界面)方程：

$$t=\frac{x}{V_3}+2h_1\frac{\sqrt{V_3^2-V_1^2}}{V_3V_1}+2h_2\frac{\sqrt{V_3^2-V_2^2}}{V_3V_2} \tag{5-2-5}$$

由式(5-2-5)可以看出，时距曲线仍然为一条直线，其斜率的倒数为 V_3 值。

3. 多层介质

同理，可以推导得到三层以上更多层介质中折射波时距曲线的方程，只要满足折射波形

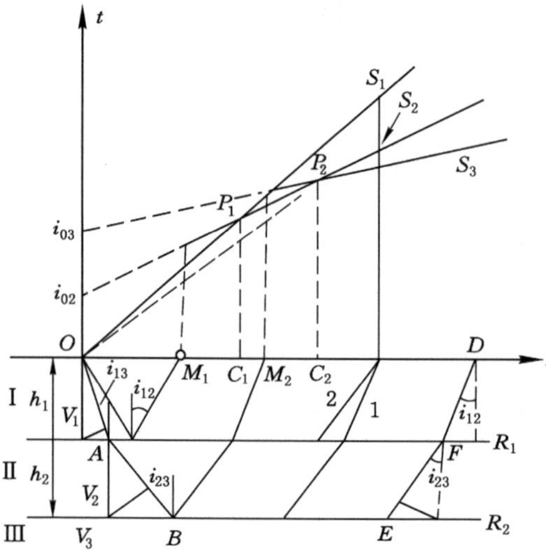

图 5-2-3　水平三层介质折射波时距曲线

成的条件即可，即地下各层波速由上到下是逐层递增的（$V_n > V_{n-1} > \cdots > V_2 > V_1$）。若地下由有 $n-1$ 个折射界面，第 n 层界面上的折射波时距曲线方程可由上述类似方法推导得到，即

$$t_n = \frac{x}{V_n} + 2\sum_{k=1}^{n-1} h_k \frac{\sqrt{V_n^2 - V_k^2}}{V_n V_k} \tag{5-2-6}$$

图 5-2-4 为五层介质的时距曲线分布示意图，从该图中可以看出，随着各层波速的逐层增大，时距曲线的斜率逐渐减小，盲区范围逐渐增大，如果要追踪较深层界面的折射波，接收点必须距离震源点更远些才可以。

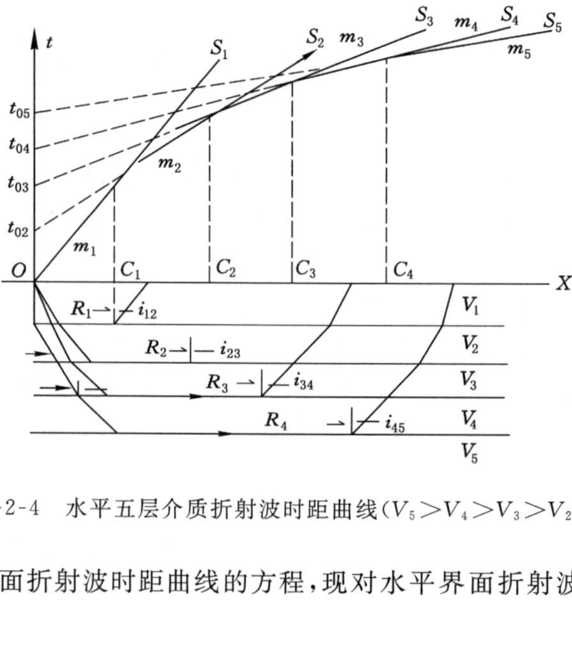

图 5-2-4　水平五层介质折射波时距曲线（$V_5 > V_4 > V_3 > V_2 > V_1$）

结合上述水平界面折射波时距曲线的方程，现对水平界面折射波时距曲线的特征进行总结：

(1) 时距曲线是直线，其斜率的倒数（视速度 $V^* = \dfrac{\Delta X}{\Delta t}$）为折射层的波速（与直达波的区别），因此可以求出下层的波速。

(2) 折射波都有一个观测盲区，埋深越大，盲区越大。探测深层界面时测点应距炮点较远。

(3) 各层折射波时距曲线相交，在交点附近地震波相互干扰，不利于折射波的识别。

(4) 浅层界面的折射波不一定出现在记录的初至区，与炮检距和 V 有关。在折射波法中，一般炮检距不大，多用于浅层探测。

（二）倾斜界面的折射波时距曲线

如图 5-2-5 所示，假设地下有一倾斜速度界面 R，倾角为 φ，下层介质速度 V_2 大于上覆介质速度 V_1。激发点分别为点 O_1 和 O_2，可以分别从两个方向接收地震波，得到两条时距曲线的方程，即下倾方向接收和上倾方向接收的曲线。

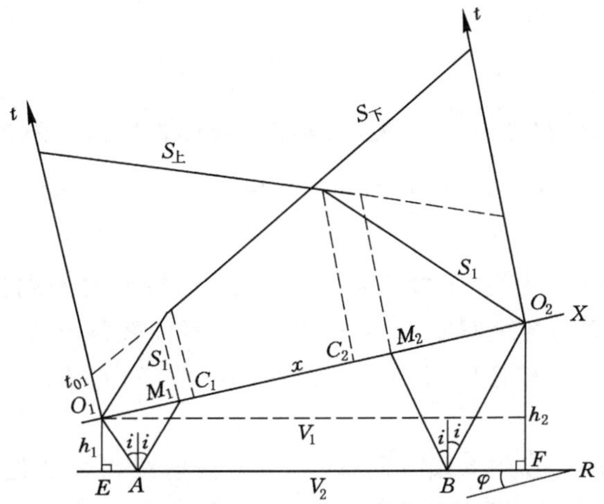

图 5-2-5　倾斜界面的折射波时距曲线

如图 5-2-5 所示，若在 O_1 点激发，O_2 点接收，此时 O_2 点相当于界面的下倾方向，时距曲线用 $t_下$ 表示，则有：

$$t_下 = \frac{O_1A}{V_1} + \frac{AB}{V_2} + \frac{BO_2}{V_1} \tag{5-2-7}$$

由图 5-2-5 中的几何关系可知：

$$\begin{cases} O_1A = h_1/\cos i, BO_2 = h_2/\cos i \\ AB = x \cdot \cos\varphi - (h_1 + h_2)\tan i \\ h_2 = h_1 + x \cdot \sin\varphi \end{cases}$$

且已知 $V_2 = V_1/\sin i$，将这些关系代入式(5-2-7)，可以得到下倾界面的时距曲线方程：

$$t_下 = \frac{x\sin(i+\varphi)}{V_1} + \frac{2h_1\cos i}{V_1} \tag{5-2-8}$$

同理，若在 O_2 点激发，波到达测线上倾方向任意点的时距曲线方程为：

$$t_{上} = \frac{x\sin(i-\varphi)}{V_1} + \frac{2h_2\cos i}{V_1} \tag{5-2-9}$$

根据式(5-2-8)和式(5-2-9)可得：

$$\begin{cases} V_{下}^{*} = \dfrac{V_1}{\sin(i+\varphi)} \\ V_{上}^{*} = \dfrac{V_1}{\sin(i-\varphi)} \end{cases} \tag{5-2-10}$$

由式(5-2-10)可得：

$$\begin{cases} i = \dfrac{1}{2}\left(\sin^{-1}\dfrac{V_1}{V_{上}^{*}} + \sin^{-1}\dfrac{V_1}{V_{下}^{*}}\right) \\ \varphi = \dfrac{1}{2}\left(\sin^{-1}\dfrac{V_1}{V_{下}^{*}} - \sin^{-1}\dfrac{V_1}{V_{上}^{*}}\right) \end{cases} \tag{5-2-11}$$

结合上述倾斜界面折射波时距曲线的方程，对倾斜界面的折射波时距曲线特征进行总结：

(1) 倾斜界面的折射波时距曲线仍然为一条直线，但它的斜率不再是折射层的地震波层速度，若斜率倒数用 V^* ($V^* = \dfrac{\Delta X}{\Delta t}$)表示，则 V^* 为该折射波的视速度。下倾方向和上倾方向两支时距曲线的斜率是不相等的，即它们的视速度不同，下倾方向的曲线陡，视速度小，而上倾方向的曲线较缓，视速度大。

(2) 在界面较浅端 O_1 激发，下倾方向 O_2 接收时，折射波的初至区距离 O_1C_1 和盲区 O_1M_1 较小些，时距曲线的截距时间 t_{01} 也较小；若在界面较深端 O_2 激发，上倾方向 O_1 接收时，则初至区距离 O_2C_2 和盲区 O_2M_2 就大些，截距时间 t_{02} 也较大。这有助于判别界面的倾向。

(3) 当 $i+\varphi \geqslant 90°$时，若在下倾方向接收，折射波射线将无法返回地面，因为这时盲区无限大。而在上倾方向接收，则入射角总是小于临界角，无法形成折射波。

(4) 在上倾方向 O_1 接收，当 $i>\varphi$ 时，V^* 为正；当 $i=\varphi$ 时，$V^* \to \infty$，即折射波时距曲线呈水平状，其斜率为零；当 $i<\varphi$ 时，V^* 为负，也就是说时距曲线倒转，它意味着折射波先到达离震源点较远的接收点，而较近处的点折射波反而晚到达，如图 5-2-6 所示，其中(a)图和(b)图分别表示 $i=\varphi$ 和 $i<\varphi$ 时的两种情况。

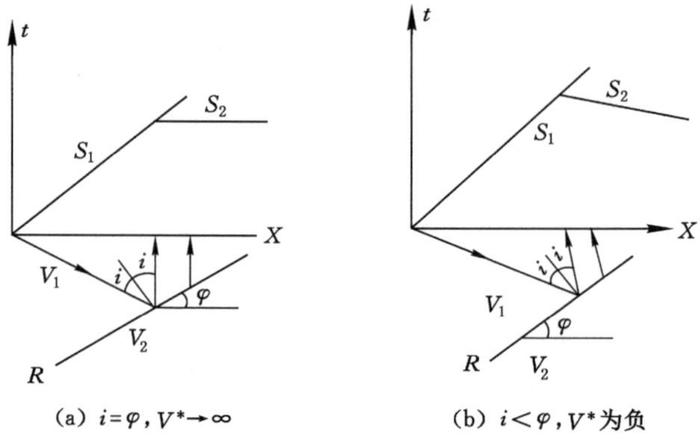

图 5-2-6　$V^* \to \infty$和 V^* 为负值时的折射波时距曲线示意图

(5) 若已知 V_1，则可根据折射波时距曲线的视速度 $V^*_{上}$ 和 $V^*_{下}$，求出倾角 φ 和临界角 i，以及 V_2($V_2=V_1/\sin i$)。

对于多层倾斜介质以及弯曲界面等复杂构造的折射波理论时距曲线方程，求解过程相似，但方法较为复杂，这里不再详细推导。

三、反射波理论时距曲线

(一) 水平界面的反射波时距曲线

如图 5-2-7 所示，假设地下有一水平界面 R，界面两侧介质波阻抗不相等(即 $\rho_1 V_1 \neq \rho_2 V_2$)，界面埋深 h，上层介质地震波传播速度为 V_1，下层介质地震波传播速度为 V_2。地震波在 O 点激发，D 点接收，当地震波到达传播界面 R 后，经界面反射到达地面接收点，则地震波传播路径为 OR、RP。为了得到反射波时距曲线方程，可以假设虚震源点 O^*，由于 O 点和 O^* 点以界面对称，由震源点 O 发出的地震波好像是从 O^* 点发射出来的一样，这样可以推导得到反射波时距曲线的方程：

$$\frac{t^2}{\left(\frac{2h}{V_1}\right)^2}-\frac{x^2}{(2h)^2}=1 \tag{5-2-12}$$

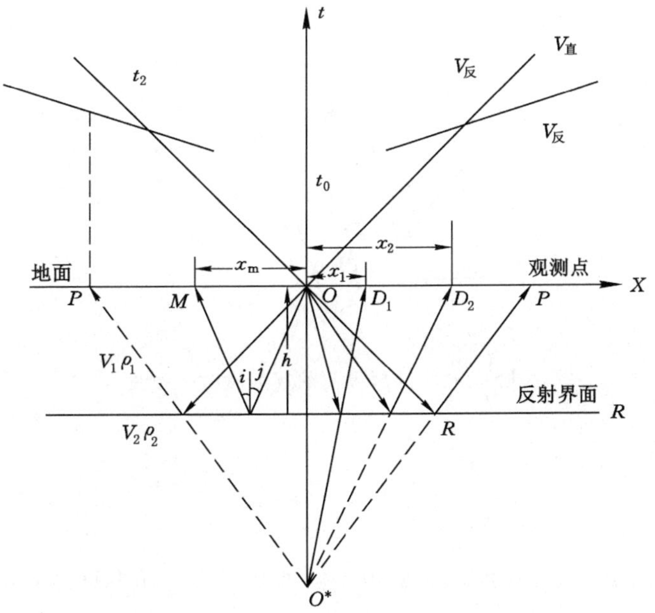

图 5-2-7　水平两层介质的反射波时距曲线

由式(5-2-12)可以看出，时距曲线仍然为双曲线，它对称于 x 轴，极小点位于震源点正上方。双曲线的渐近线斜率为 $\frac{1}{V_1}$，即当接收点距离震源点足够远时，反射波时距曲线与直达波时距曲线相重合，也就是说直达波时距曲线是反射波时距曲线的渐近线。还可以求得时距曲线的斜率的倒数(即视速度)：

$$V^* = \frac{\mathrm{d}x}{\mathrm{d}t} = V_1\sqrt{1+\left(\frac{2h}{x}\right)^2} \tag{5-2-13}$$

由式(5-2-13)可以看出，在震源点附近，V^* 趋于无穷大，而在离震源点较远的地方，V^* 趋于真速度 V_1。反射波视速度受各入射点的影响程度不同，并且反射界面越深，视速度越大，时距曲线越平缓。

在式(5-2-12)中，当 $x=0$ 时，得到此时的反射波时间 t_0，即双程垂直时间：

$$t_0 = \frac{2h}{V_1} \tag{5-2-14}$$

若已知 V_1，根据 t_0 时间可以确定水平界面的埋深。

（二）倾斜界面的反射波时距曲线

如图 5-2-8 所示，假设有一倾斜反射界面 R，其倾角为 φ，上层介质地震波传播速度是 V_1，下层介质速度是 V_2。若在 O 点激发，D 点接收，沿 x 方向进行观测，则地震波的传播路径为 OA、AD，同样根据地震波射线的传播原理和虚震源法可得出倾斜界面的反射波时距曲线方程。

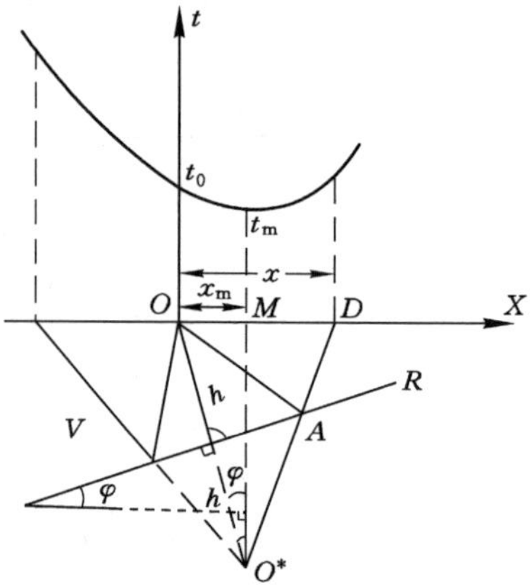

图 5-2-8　倾斜界面的反射波时距曲线

$$\frac{t^2}{\left(\frac{2h\cos\varphi}{V_1}\right)^2} - \frac{(x-2h\sin\varphi)^2}{(2h\cos\varphi)^2} = 1 \tag{5-2-15}$$

由式(5-2-15)可见，倾斜界面的反射波时距曲线仍为一条双曲线，极小点的坐标为：

$$\begin{cases} x_m = 2h\sin\varphi \\ t_m = \dfrac{2h\cos\varphi}{V_1} \end{cases} \tag{5-2-16}$$

由图 5-2-8 可以看出，相比水平界面反射波时距曲线，倾斜界面的反射波时距曲线向界面的上倾方向移动了 x_m。界面倾角 φ 与测线的坐标方向和界面倾斜有关，当 X 轴指向反射界面的上倾方向时取正号，反之为负。

当 $X=0$ 时，可以得到反射波返回震源点的旅行时 t_0，即

$$t_0 = \frac{2h}{V_1} \tag{5-2-17}$$

由式(5-2-17)可以看出,t_0 值与界面深度 h 和上层地震波传播速度 V_1 有关,这是反射波法求界面深度的基础。

(三) 多层介质的反射波时距曲线

如图 5-2-9 所示,假设地下有一多层的水平层状介质,反射界面分别记为 R_1、R_2、R_3、R_4,若地震波在 O 点激发,D 点接收,经过各个界面并在第 n 个界面反射到达地面,则其旅行时 t 为通过各层的旅行时之和。即

$$t = 2\sum_{i=1}^{n} \frac{h_i}{V_i \cos \alpha_i} \tag{5-2-18}$$

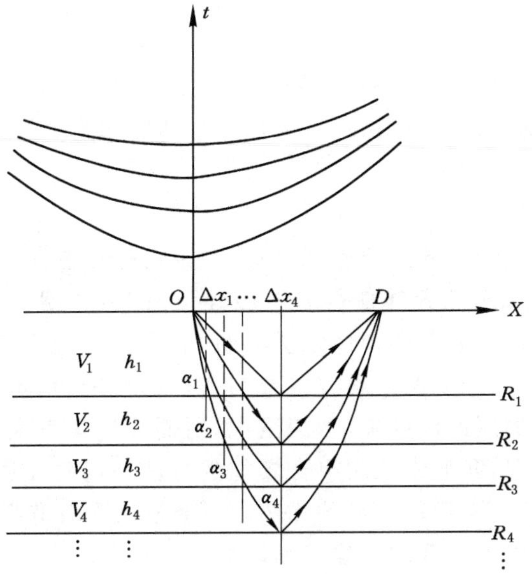

图 5-2-9　水平多层介质的反射波时距曲线

由斯涅尔定律可以得到:

$$\frac{\sin \alpha_1}{V_1} = \frac{\sin \alpha_2}{V_2} = \cdots = \frac{\sin \alpha_n}{V_n} = p \tag{5-2-19}$$

式中,p 为常数,即射线参数。

可以得到水平多层介质的反射波时距曲线的方程:

$$t^2 = t_{0n}^2 + \frac{x^2}{\bar{V}_n^2} \tag{5-2-20}$$

$$\bar{V}_n = \left[\frac{\sum_{i=1}^{n} t_i V_i^2}{\sum_{i=1}^{n} t_i}\right]^{1/2}$$

式中,$\bar{V}_n$ 为均方根速度。

由式(5-2-20)可以看出,对于水平 n 层介质的反射波时距曲线方程,只要将第 n 个界面以上的各层介质用一个波速为均方根速度 $\bar{V}_n$ 的均匀介质来代替,则它和两层水平介质时距曲线方程具有相同的形式,其时距曲线亦是对称于纵轴的双曲线。

第三节　地震资料的野外数据采集

野外工作是地震勘探中重要的基础工作，它的基本内容是根据具体的地质任务进行野外施工，为下一阶段的数据处理和资料解释提供准确的地震数据。

一、地震波的激发

在地震勘探中把震源条件叫作激发条件，包括震源类型和激发方式两个方面。激发条件的合理选择对地震记录质量提升有着重要的作用。

（一）震源类型

用来产生地震波信号的震源有炸药震源和非炸药震源。从 20 世纪 20 年代开始到现在，在我国大部分平原地区，地震勘探一直采用以炸药爆炸为主的震源。非炸药震源有可控震源、空气枪震源和电火花震源等。

1. 炸药震源

炸药震源是一种广泛使用的震源形式，激发的方式有井中、坑中、水中等，其中以井中激发为主。炸药在井中震源附近爆炸使得岩石破碎形成"破坏圈"。随着离开震源的距离增加，压力减小，当压力降低到岩石的弹性限度内时，岩石可以视作完全弹性体。岩层在震源的作用下形成弹性地震波，激发的地震波主要与炸药的性能、用量、井的特点等有关。炸药量的多少主要由勘探目的层的深度决定，深度大，所需炸药量就大。但当炸药量过大时，可能会形成干扰。通常情况，我们常采用组合爆炸的方法来增强反射波能量。在保证勘探目的层有一定能量的前提下，采用较少量的炸药即可激发出含较宽频带的地震脉冲。当然，激发产生的地震波还受井的深度及围岩岩性的影响。

2. 非炸药震源

炸药震源有一定缺陷，如购买费用高，运输不安全，环境适应性差（如在某些缺水或钻井困难的地区、工业区、人口稠密区和海上渔业区等都不宜使用炸药震源），所以近年来非炸药震源得到了更多的发展和使用。

（1）可控震源

可控震源是一种机械震源，它利用装载在特定汽车上的振动器冲击地面产生地震波，由于振动的频谱和能量都可以由人工控制，故称可控震源。

可控震源向地面发射一个延续时间从几秒到数十秒长、频率随时间变化的正弦振动，按事先确定的起始频率 f_1 和终了频率 f_2 呈升频（或降频）的线性变化，在整个扫描时间 t 的范围内，振幅保持不变，如图 5-3-1(a)所示。可控震源发射的扫描信号如图 5-3-1(b)所示。

图 5-3-1(b)中 a 是震源旁被安置在地表的检波器接收并记录下来的信号。b、c、d 分别表示第一、第二、第三个界面的反射波信号。在地表所记录下来的反射信号是 e 波形，是前三条反射信号的叠加。可控震源无法分辨与反射界面对应的三条反射波，这也是非炸药震源与炸药震源的主要区别之一。第一条和第二条信号叠加在一起，检波器接收到由三束反射波叠加而成的复波，所以为了得到与界面对应的反射波，需要对扫描信号与实际记录进行处理，f 波是处理后（a 与 e 信号相关）的记录。横波可控震源（图 5-3-2）相对炸药来说能量太小，可以让一个点振动多次或者让几台可控震源同时振动来增大能量。

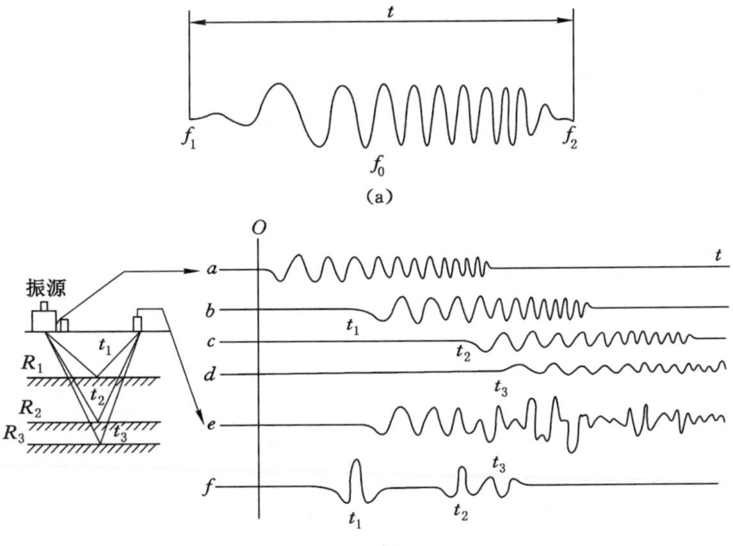

图 5-3-1　扫描信号与反射信号相关原理示意图

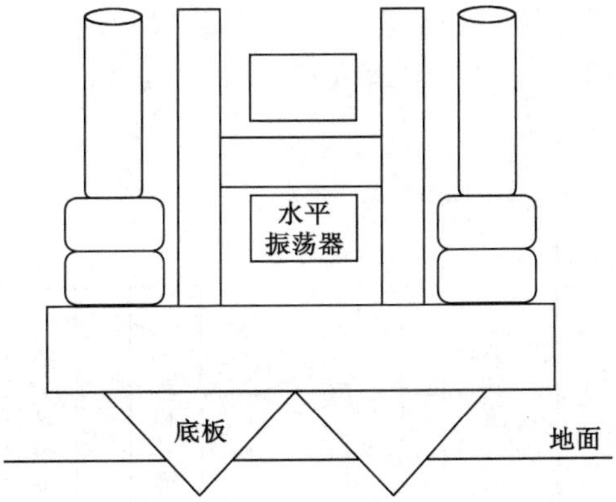

图 5-3-2　横波可控震源

(2) 空气枪和电火花震源

空气枪震源指用形如枪的装置压缩空气并瞬间释放于水中，产生很强的冲力，产生地震波。这种震源是典型的脉冲震源，激发信号具有频率高、频带宽的特点。电火花震源利用高压电极在水中的放电效应，使其周围的海水受压产生振动，产生地震波。空气枪和电火花震源主要用于海上地震勘探，在陆地上有时也用。

(3) 锤击震源

目前，锤击震源对环境的负面影响较小且安全性好、操作便捷，所以在常规的浅层地震勘探工程中应用广泛。其激发效果主要由重锤质量、冲击速度、基板大小和基板材料决定。基板通常选用铝合金基板、化学(塑料)基板或者铁质基板等不同材料来适应不同的岩性条件。不同锤击震源产生的地震波不仅影响着地震勘探采集方案设计，同时还对地震记录的分辨率及后续地震资料处理、解译的难易程度造成影响。

（4）敲击式横波震源

敲击式横波震源是通过敲击地面产生地震波的。如图 5-3-3 所示，重锤垂直测线沿水平方向敲击，产生质点的水平位移，这种震源能量比较小。

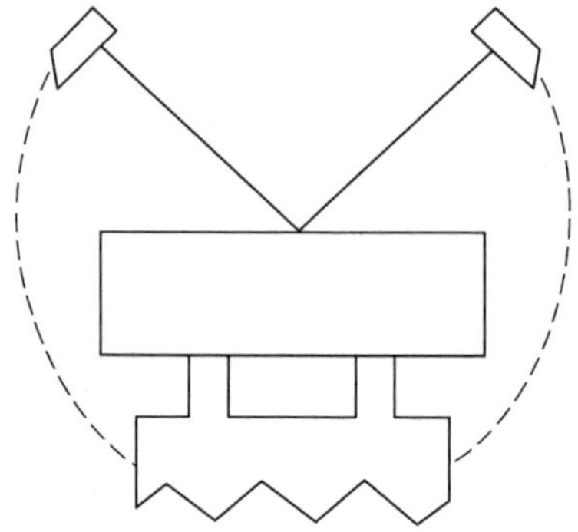

图 5-3-3　敲击震源

二、地震仪的接收系统

地震仪是记录由地下反射回来的地震波的专门装置。现在人们野外普遍使用的是性能较好的数字地震仪。以下简单介绍数字地震仪（图 5-3-4 为其工作原理框图）和三维地震仪（图 5-3-5）的一些组成、功能及特点。

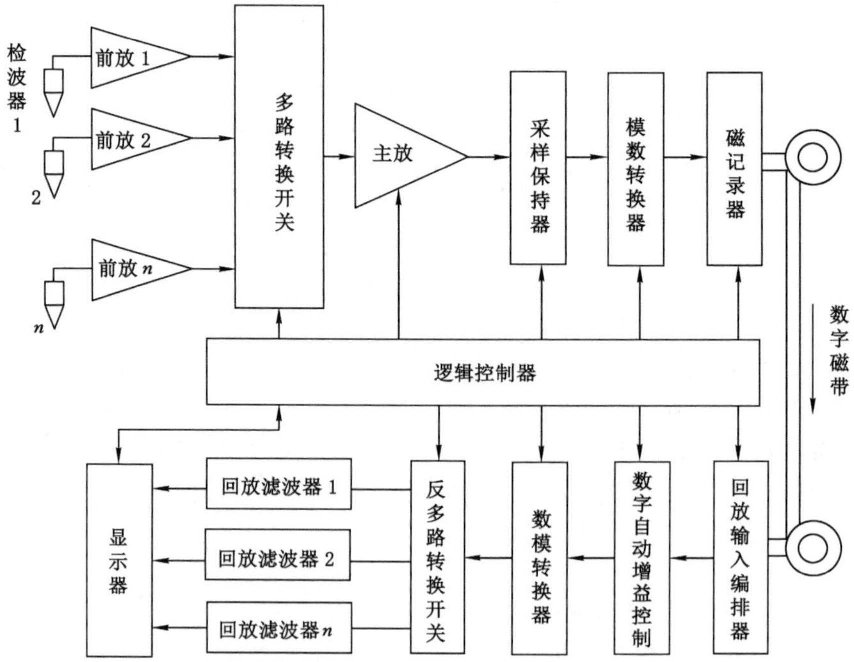

图 5-3-4　数字地震仪工作原理框图

数字地震仪由主机(称之为数据采集系统)、检波器和震源同步系统三部分的分离件组成,工作时三者通过电缆连接;是信号增强型地震仪,是一种适用于浅层勘探的数字地震仪。它主要由记录系统和回放系统组成,记录系统包括检波器、前置放大器、多路转换开关、主放、采样保持器、模数转换器、磁记录器等,回放系统包括回放输入编排器、数字自动增益控制、数模转换器、反多路转换开关、回放滤波器、显示器等。这两大部分在逻辑控制器的统一指挥下进行工作。

图 5-3-5　三维地震仪

三维地震仪是针对二维及三维地震勘探而设计的一种有线遥测采集系统(图 5-3-6),该系统由主控制单元、采集站、交叉站、电源站、数传复合电缆以及遥爆译码器组成,被广泛地应用于工程、煤田、地矿、水利电力等领域。如三维地震波探测仪 TSP-3D 通过激发震源点使所产生的地震波信号沿隧道方向以球面波的形式向前传播,当地震波遇到隧道前方异常体(如破碎带、断层、溶洞等)时产生反射波(X,Y,Z),从而得到大量的三维数据组,以此来预报隧道(洞)掌子面超前方向的破碎带、断层、溶洞等灾害性地质体的空间位置及分布情况,减少在施工过程中的突发风险,在保障施工安全性方面具有重要作用。

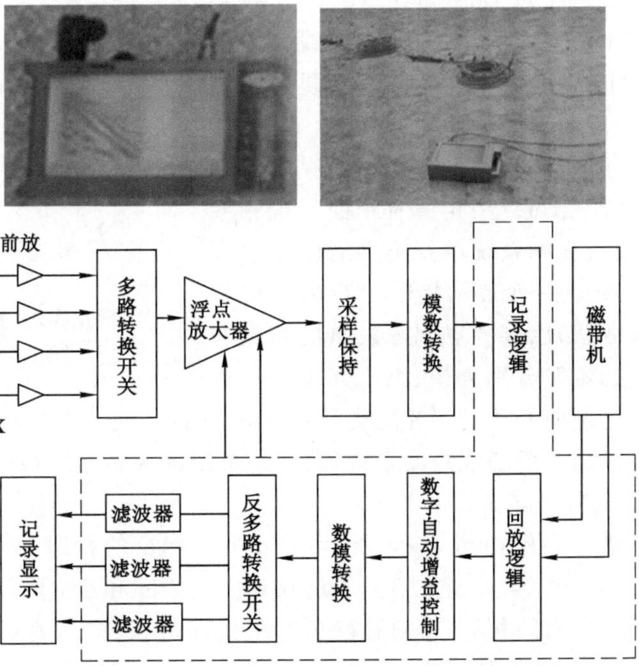

图 5-3-6　三维地震仪野外布线主机连接图和工作原理图

地震仪器有着高灵敏度(高放大倍数)、大动态范围、宽频带、短延续且一致性好的性能。此处动态指的是强弱信号在振幅上的变化范围,变化范围大,则动态范围就大。

检波器是探测地震波的一种探测器,它是第一个获取地震信息的记录器。检波器是一种机电转换装置,把传输回地面或水面的地震波转换成电信号,可以安放在井下、水下、孔内等位置。当检波器与介质紧密接触时会产生很小的位移,通常为 $n \sim n \times 10\ \mu m$,所以检波器有较高的灵敏度。检波器有多种类型,可以满足地震勘探的各种要求。根据接收波形的不同,检波器可分为纵波和横波检波器;根据使用的区域不同,检波器又分为陆上和海上检波器;检波器又有速度检波器和加速度检波器之分。当接收到信号时线圈发生相对于磁钢的运动并产生感应电流,从而把机械振动转化成电信号。

三、观测系统

在地震勘探现场采集工作中,炮点和检波点之间各种排列的位置关系称为观测系统。折射波法和反射波法的形成和传播特征不同,通常观测系统也不相同。现将几种常用的观测系统分别介绍如下。

(一)折射波法观测系统

1. 测线类型

根据不同的工作内容,可选择不同类型的测线,常见的测线类型如图 5-3-7 所示。纵测线的激发点和接收点在一条直线上;非纵测线的激发点和接收点不在一条直线上。根据各种不同的排列关系和相对位置,非纵测线可分为横测线、弧形测线等。纵测线是地震勘探工作中使用的主要测线,而非纵测线一般是辅助测线,它可以用来解决一些古河床、断裂带探测等问题,常与纵测线配合使用。

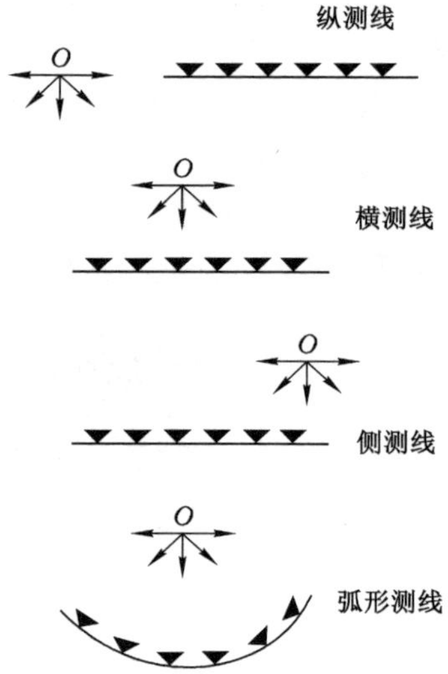

图 5-3-7　常见的测线类型

根据测线间不同的排列组合关系,可将纵测线观测分为单支时距曲线观测系统、相遇时距曲线观测系统、多重相遇时距曲线观测系统以及追逐时距曲线观测系统等。时距曲线是一种表示接收点距离和地震波走时之间的关系曲线,以接收点到激发点的距离和地震波到达接收点的走时分别为横、纵坐标就可得到相应的时距曲线。时距曲线法是研究地震波运动特征的一种基本方法,可根据地震波的时距曲线分布特征设计出时距曲线观测系统,其中最常用的为相遇时距曲线观测系统。

2. 相遇时距曲线观测系统

相遇时距曲线观测系统如图 5-3-8 所示,两支方向相反的相遇时距曲线 S_1 和 S_2 由同一观测地段的两端 O_1 和 O_2 点激发得到。反映界面的 BE 和 CA 段,其中 BC 段是被重复覆盖的地段。利用互换时间相等,可对这两条时距曲线进行解释,将提高解释的可靠性,弥补单一方向时距曲线的不足,从而相对正确地反映折射界面的变化。在两端增加激发点并扩大观测段可以得到一般的相遇时距曲线没有的相遇段,即采用图 5-3-9 所示的多重相遇时距曲线观测系统。其他的折射波观测系统,目前使用较少。

(二)反射波法观测系统

目前地震反射波法中使用最广泛的观测系统是多次覆盖观测系统,双边激发的多次覆盖观测系统、三维观测系统等在浅震中应用尚少。多次覆盖观测系统是为利用水平叠加技术而设计的,这种处理可压制多次波和各种干扰波,提取速度参数。如图 5-3-10 所示,水平

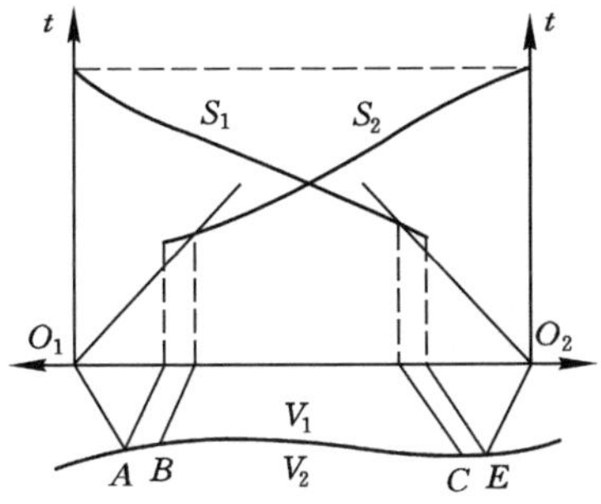

图 5-3-8　相遇时距曲线观测系统

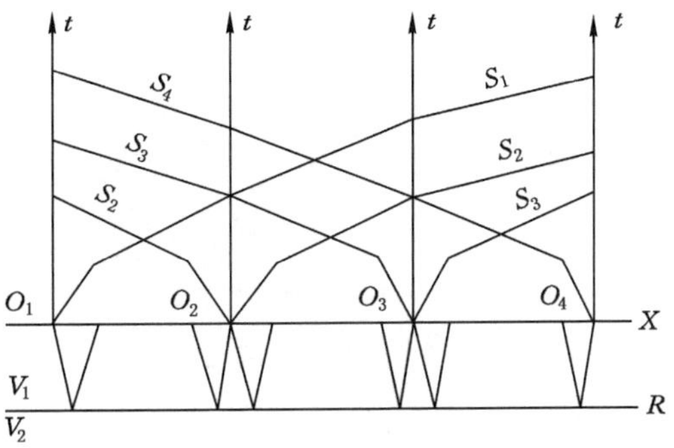

图 5-3-9　多重相遇时距曲线观测系统

叠加又称共反射点叠加或共中心点叠加，将同一反射点在不同激发点处激发、不同接收点上接收到的地震记录进行叠加。

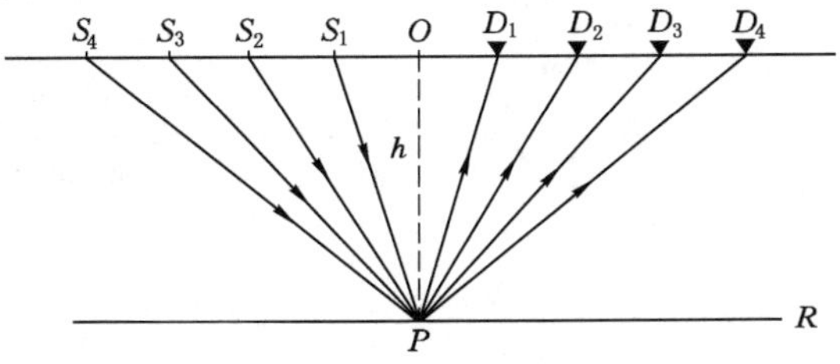

图 5-3-10　共反射点示意图

首先确定好偏移距和检波距，一次激发后，同时让激发点和整个排列向前移动一定距离，直至全部测完。多次覆盖的观测系统使用综合平面法可以更好地找出共中心点道集的位置，如图 5-3-11 所示，在该观测系统中，可用式(5-3-1)计算炮点的移动道数 m：

$$m=\frac{S\cdot N}{2n}=\frac{d}{\Delta x} \tag{5-3-1}$$

式中，N 是一个排列的接收道数；n 是覆盖次数；d 是激发点间距离；S 是一个常数，单边激发 $S=1$，双边激发 $S=2$；Δx 是检波距。

（三）观测系统的图示方法

观测系统可以用时距平面图和综合平面图两种方法来表示。时距平面图法指在平面图上用时距曲线的方式来表示炮点与其观测点段的相对位置关系，以及它与反射界面的相互关系。如图 5-3-12 所示，把测线上炮点 O_1、O_2、O_3 按一定比例尺标在水平测线上，然后按炮点与其接收地段的相互关系，画出时距曲线及对应反射界面，进而得到一个连续的长反射界面。

从图 5-3-12 中可见，波自 O_1 点传播到 O_2 点，与波自 O_2 点传播到 O_1 点所走的路程相同，有相同的旅行时间，即 $T=T'$，这个时间称为互换时间。

在观测系统中，只有一个炮点而有多道检波器，在地震工作中又称为共炮点波列。在地震工作中，使用的观测系统多用综合平面图来表示。综合平面图由水平线以上的许多等腰直角三角形组成，简单直观地表示了炮点和排列之间的关系。观测系统的图示可方便用来

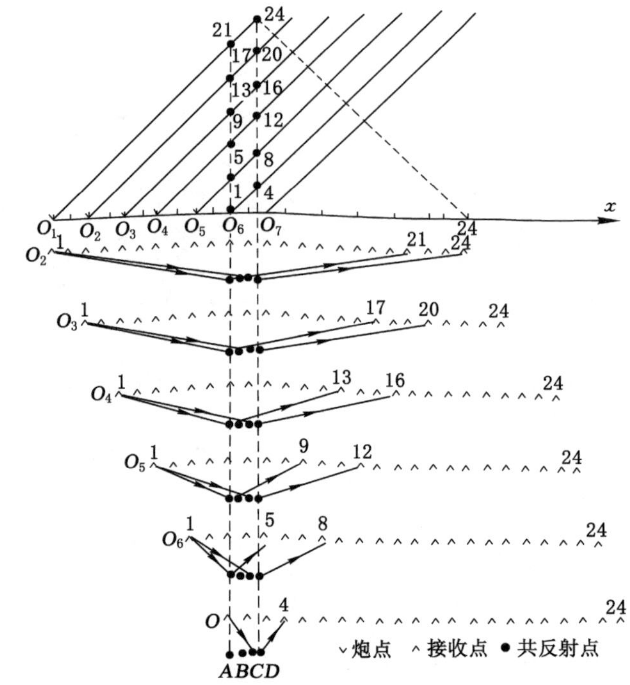

图 5-3-11　单边激发 6 次覆盖观测系统

($n=6, N=24, S=2$)

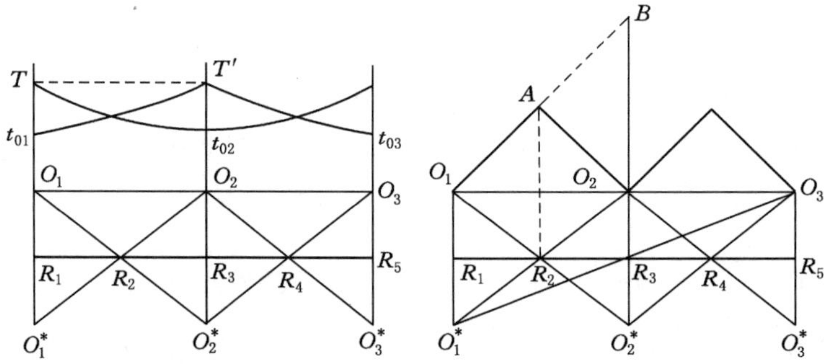

(a) 时距平面图　　(b) 综合平面图

图 5-3-12　反射波法观测系统的图示方法

统计各条测线的炮次、井数、炸药量、分布排列次数等，是地震工作中的重要依据。

折射波法的观测系统也可以用时距平面图和综合平面图来表示。图 5-3-13(a)所示是适用于折射界面较浅的用综合平面图表示的观测系统，其下方是用时距平面图表示的观测系统。图 5-3-13(b)所示是可用倾斜界面折射波时距曲线表示的相遇观测系统。图 5-3-13(c)所示是可用曲界面折射波时距曲线表示的追逐观测系统。

（四）组合法

组合法是在一个接收道上按一定规律放 2 个以上检波器同时接收地震波，然后把它们

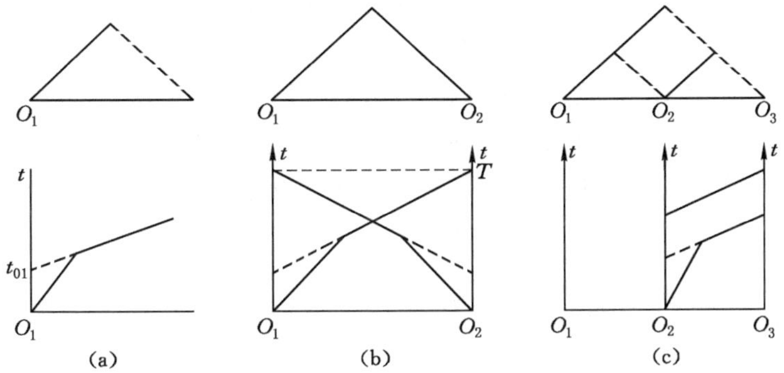

图 5-3-13　折射波法观测系统的图示方法

所接收的信号相加在一起，作为某一道的地震信号送到放大器中。对反射波来说，相当于不同位置、时间几乎相同的波的近似同相叠加，叠加后的反射波能量得到加强。组合法利用有效波与干扰波的视速度或传播方向的差异来达到提高反射波、削弱干扰波的目的，提高了信噪比，压制了面波，降低了组合后资料的频率和分辨率，对地下两个不同反射点的信号取了平均，按照统计规律压制了随机干扰波。组合法是提高资料信噪比的接收手段之一，是提高地震信息信噪比的一种重要手段，广泛应用于组合检波和组合爆炸方法中。

第四节　地震资料的处理和解释

地震勘探工作中在进行资料解释之前，要对采集到的地震资料进行处理和校正。其目的一是得到容易解释的时间剖面；二是消除或压制记录中的噪声，去掉干扰和假象，改善加强有效信息，提高信噪比和分辨率；三是得到与岩性有关的物性参数，确保得到更准确有意义的数据并进行解释分析。折射波法和反射波法在原理和方法上的差异，使其在资料处理和解释方面也有不同，这一节我们将分别讨论折射波和反射波法资料处理和解释的内容。

一、折射波法地震资料的处理和解释

要对地震记录进行波形对比分析，通过校正得到有效波的初至时间并绘制相应的时距曲线，再根据时距曲线特征进行地震资料的解释工作。

要对地震勘探作业取得的资料进行初步检查和评价。磁盘记录的点线号和激发点的位置、方式、观测系统类型等应与班报吻合，检查仪器是否正常工作。正确识别、判断和追踪来自同一个界面的有效波并进行波形对比分析。利用时距曲线和速度资料，绘制出地震剖面图和构造图。

解释工作有定性解释和定量解释。定性解释指人们通过记录得到的地质情况和时距曲线特征来判断地下折射界面的情况，判断出地下是否存在断层或者其他的局部性地质体，为定量解释方法提供依据。定量解释则指根据定性解释的结果选择相对适合的数学分析和作图方法来求取我们需要的各种数据和参数。为了更好地绘制地质图等成果，需要进行多次定量和定性分析。

解释方法有常规解释方法和复杂条件解释方法两种。每种情况都对应着不同的解释方

法，常规的解释方法通常可用于折射界面为正常的水平或倾斜速度界面的情况，当遇到特殊形态的地质情况时，则应选用相应的复杂方法进行解释。

图 5-4-1 中的流程表示折射波法资料处理解释系统的一般过程。在拾取地震记录初至时间之前，应对是否要做预处理进行判别。若需要预处理，则应在预处理中利用滤波、切除或均衡等方法压制干扰波后再拾取初至时间。若不需要预处理，则可直接进行初至时间拾取。

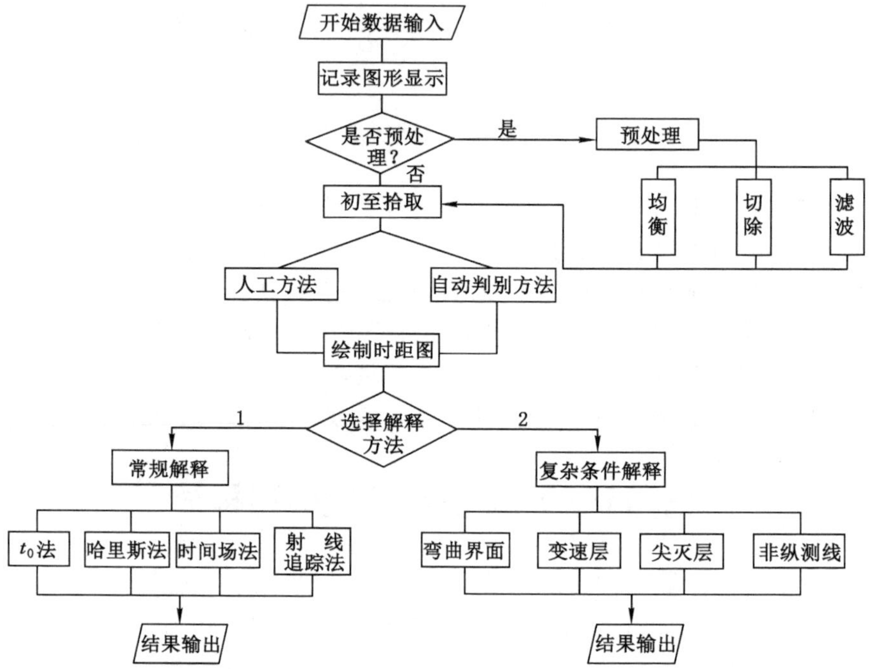

图 5-4-1　折射波法资料处理系统的一般流程

二、反射波法地震资料的处理

常规水平叠加是地震处理工作中极其常用的一种叠加处理方法。对反射地震数据进行最简单的数字处理，并覆盖多个共反射点，即常规数字处理。将野外工作获得的共炮点记录放在经过常规水平叠加处理后得到的水平叠加时间剖面就可供解释工作使用，简称叠加剖面。

在地震资料的数字处理过程中，人们为了让计算机自动处理资料，要将所采用的各种处理方法程序按一定顺序组合起来，以实现计算机的自动处理，这就是地震资料的数字处理流程。

尽管不同的单位、公司使用的常规水平叠加资料处理流程可能不完全相同，但所有的常规水平叠加资料处理流程都具有某些共性。图 5-4-2 所示是一个典型的常规水平叠加资料处理流程。

通常将常规水平叠加资料处理流程分为输入部分、预处理部分、实质性处理部分、修饰性处理部分和输出部分。流程中最核心部分是静校正处理、动校正处理和叠加处理。

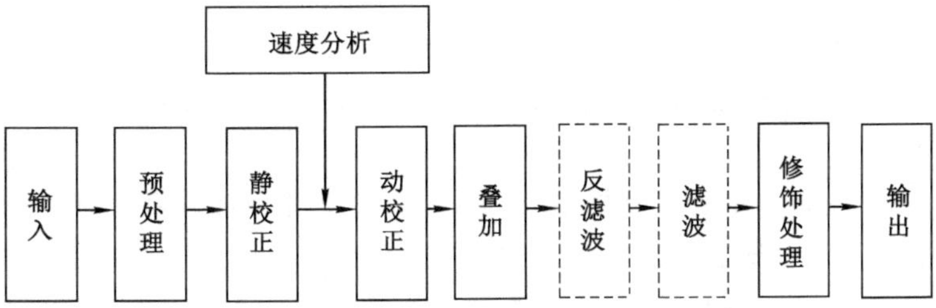

图 5-4-2　常规水平叠加资料处理流程

（一）输入和输出

输入部分指将磁带上记录的野外采集到的地震数据信息输入计算机；输出部分指将处理好的水平叠加时间剖面通过剖面输出仪等输出设备显示出来，作为处理成果。相较于其他部分，输入和输出部分都比较简单。

（二）预处理

预处理指对原始地震记录进行初步加工和整理，是在实质性处理之前所必须完成的一些准备工作。预处理的目的是使野外反射地震资料转化为便于计算机处理的形式并进行一些简单的加工。

(1) 地震记录存储和数据重排

地震记录在计算机中按地震道顺序存放，只存幅值（大小），不存时间。地面上的检波器在一段时间内接收到的地表振动为一道地震记录，是一个时间的函数，即任一时刻 t 有一个相应的函数值。经过离散采样后的一道地震记录用 N 个有序的采样值 $x_n(n=1,2,\cdots,N)$ 表示，称为时间序列。地震采样是等间隔采样，采样间隔为 Δt，采样值在时间序列中的序号表示时间。第 1 个采样值为零时刻函数值 $x(0)$，第二个采样值为 Δt 时刻函数值 $x(\Delta t)$，$\cdots$，第 i 个采样值为 $(i-1)\Delta t$ 时刻函数值 $x[(i-1)\Delta t]$，$\cdots$。采样值被存入计算机后，时间序列中的序号变为存储单元的相对地址，所以只要知道采样值存储单元的相对地址就可知道这个采样值对应的时间。这种按道内顺序存放的方式方便我们了解其对应时间，有利于我们进行地震资料的处理，但由于地震资料存储顺序和计算机存放方式不同，所以要进行数据重排。

数据重排就是把仪器记录的数据格式变为计算机所需要的格式，把按时分道的记录变成按道分时的记录。按时分道排列的形式为：第一道第一个采样值 x_{11}，第二道第一个采样值 x_{21}，$\cdots$，第 n 道第一个采样值 x_{n1}，第一道第二个采样值 x_{12}，第二道第二个采样值 x_{22}，$\cdots$，第 n 道第二个采样值 x_{n2}，x_{13}，x_{23}，$\cdots$，x_{n3}，x_{14}，x_{24}，$\cdots$，x_{n4}，第一道第 m 个采样值 x_{1m}，$\cdots$，第 n 道第 m 个采样值 x_{nm}；将其转换成按道分时的形式，即 x_{11}，x_{12}，x_{13}，$\cdots$，x_{1m}，x_{21}，x_{22}，x_{23}，$\cdots$，x_{2m}，$\cdots$，x_{n1}，x_{n2}，x_{n3}，$\cdots$，x_{mn}。这种预处理称为数据重排或解编，数据重排只会改变单元的存放地址，但不会影响采样值本身。重排后的采样值所在单元的相对地址就有了时间的含义，也方便后续处理。

(2) 不正常道、炮处理

在地震勘探工作中，如果记录到不正常的道、炮数据，必须要对其进行处理，以防异常记录与正常记录混淆，从而影响叠加效果。不正常道和炮一般有空道（炮）、废道（炮）、反道、死道等。对于空道(炮)、废道(炮),可借用相邻道(炮)上的数据以代替,或取相邻两道(炮)的平均值代替,或者直接全部充零。对于反道,可乘以一个负号进行改正。死道是由仪器问题导致的,也应充零。不正常道、炮处理只会影响单元内的采样值但不会改变其存放地址。

(3) 抽道集

为了便于进行动校正和水平叠加,可以将共反射点且分散在各个不同地震记录中的每一道记录抽取出来,然后按序排列,得到的共深度点(或共反射点)道集又称为 CDP 道集(或 CRP 道集),这一处理称为抽道集。抽道集也是数据的重新排列,是以一道为一个单位而非单个采样值进行的。抽道集只会改变单元的存放地址,但不会影响单元内的采样值和时间。

图 5-4-3 所示为一个由 4 次覆盖组成的 CDP 道集及其时距曲线,图 5-4-3(a)中 A 为共反射点,O 为共中心点。

关于共反射点的时距曲线,从图 5-4-3(b)中可以看出,其时距曲线方程有如下形式:

$$t=\frac{1}{V}\sqrt{4h^{2}+x^{2}} \tag{5-4-1}$$

式(5-4-1)为一双曲线方程,说明共反射点时距曲线亦是一条双曲线。

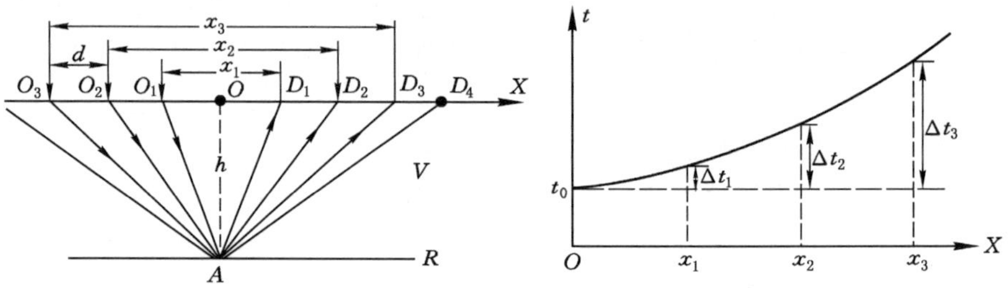

图 5-4-3　共反射点道集及其时距曲线

另外,式(5-4-1) 和理论时距曲线公式具有相同的形式,但两者表达的意思完全不同。理论时距曲线公式和其所表示的时距曲线是共激发点的时距关系,不同观测点的波来自不同的反射点。而式(5-4-1)和其对应的时距曲线是共反射点的时距关系,不同偏移距的波皆来自同一个反射点。

(三) 动校正和水平叠加

根据上述共反射点时距曲线的讨论结果可知,当偏移距 $x=0$ 时,有:

$$t_0=\frac{2h}{V} \tag{5-4-2}$$

t_0 是在中心点 O 处自激自收的记录时间,对同一反射界面来说,V 为一定值,t_0 的变化反映了界面深度 h 的变化。消除由于接收点偏离炮点所引起的时差,把不同炮检距的时间校正到零炮检距的时间的过程称为动校正(或称正常时差校正),其叠加处理又称水平叠加。动校正是水平叠加处理中必须要做的工作,可以改善地震剖面的质量。图 5-4-4 为 4 次覆盖 CDP 道集的动校正和水平叠加的示意图。

(四) 静校正

实际工作中,当地形起伏较大或地下介质不均匀时,地震波走时会出现异常,反射波时距曲线会产生畸变,这时即使动校正准确,时距曲线也仍存在畸变。所以还需要对反射时差

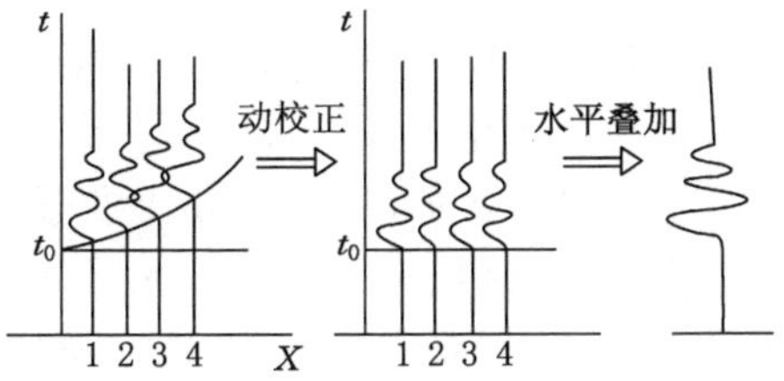

图 5-4-4 动校正和水平叠加示意图

进行校正,即静校正。在静校正后,将得到规则的双曲线。对同一道来说,从浅到深,有相同的静校正量。

（五）时间剖面

实测地震资料经各种处理,对所得反射记录进行动校正后所组成的地震剖面图,其纵坐标用时间表示,故称为时间剖面。

地震资料经水平叠加处理后,得到水平叠加时间剖面,它是地震资料解释的基础资料。如何把水平叠加时间剖面输出?如图 5-4-5 所示,目前主要有三种显示形式:波形时间剖面、变面积时间剖面和波形加变面积时间剖面。我国常用的是波形加变面积时间剖面。所谓面积,就是在地震波形极大值附近,按一定的阈值截取出的面积所形成的梯形黑块,地震波振幅的强弱以梯形黑块的大小和陡度来表示。

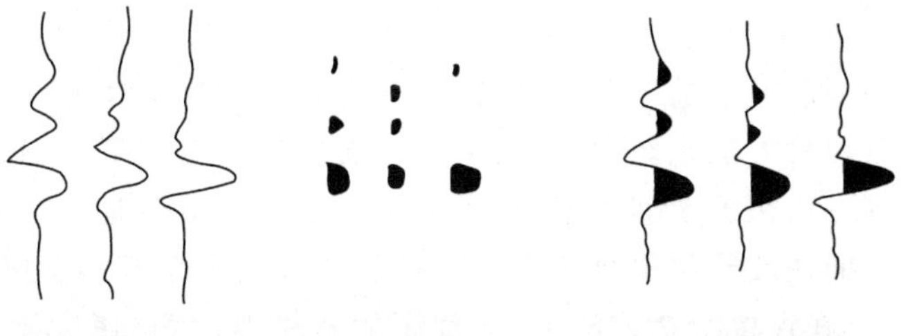

图 5-4-5 时间剖面显示的三种形式

通过对时间剖面中各反射同相轴的对比追踪,我们可以在时间剖面上识别出断层、隆起、不整合、尖灭、超覆等地质现象。

（六）修饰性处理

水平叠加时间剖面获得之后,为了改善剖面的面貌,使反射层次清晰、能量均衡,有时还要进行修饰性处理。修饰性处理的目的仅仅是修饰剖面面貌,并非实质性处理。因此,修饰性处理的使用必须慎重,使用得当可使剖面清晰、美观,否则会造成假象,影响解释。修饰性处理方法很多,有道内平衡(动平衡)、道间平衡和相干加强(相似波放大)等。道内平衡(动平衡)是为了让同一道的深层、浅层反射波能量均衡,能在同一张剖面中输出。其方法是用加权的方法让能量强的波乘以一个小的权值而能量弱的波乘以一个大的权值达到均衡。由计算机自动计算各个波的平均能量(时窗内记录幅值平方和或绝对值和)大小,其倒数即权值。道间平衡是使不同道(远、近道)反射波能量均衡,其实现思想和方法与道内平衡相似,也是采取加权的方法，对远道乘以大的权值，近道乘以小的权值，区别是其对象为地震道而不是单纯的一个个反射波。相干加强可以使剖面上相干性好的反射波能量得到加强。一般情况下同一界面的反射波都比干扰波的相干性好，故加强相干可以使反射波的连续性更好，从而改善剖面面貌。但是在实际使用中要加以注意，相干性好的波不一定都是反射波，反射波在反射能量较弱或地质构造复杂时的相干性并不好，此时加强相干就可能削弱反射波，模糊地下构造细节；相干性不好的波不一定都是干扰波，波在遇到有些地质现象如断层时并不连续。

（七）数值滤波和反滤波

数值滤波是一种压制干扰波、提高资料信噪比的处理方法。不同类型的地震波往往有不同的频率特征，利用有效波和干扰波的某些参数和特性之间的差异对地震记录进行数值滤波，输入含有干扰的地震信号，输出的是不含干扰或干扰波减少的地震信号，这就是所谓的频率滤波。根据解决问题内容的不同可设计不同特性的滤波，在时间域进行的滤波称为褶积滤波。

在地震波传播、接收和记录的过程中，介质性质和仪器性能等的变化，使地震信号改变了原来的形状，反射波的分辨率会因这种自然因素引起的滤波效应而降低，为了消除滤波效应，需要进行反滤波。

反滤波其实是一个特殊的滤波过程，它应该恰好把另一种滤波过程的作用抵消。所以反滤波是有针对性的，它必须有“反”的对象，否则就失去了意义。反射地震资料数字处理中则需要针对不同的对象设计不同的反滤波达到不同的目的。

（八）速度分析

地震波的速度是地震勘探的一个重要参数，会直接影响到地震工作的效果，用途相当广泛。在地震勘探中有两种方法来获取速度：一是在有钻孔的情况下，依靠野外工作中的如地震测井或声速测井等方法来测定速度值，但是直接测量速度值会有一定限制，如这些工作只能在井中进行且面上的速度资料很难获得。二是利用多次覆盖资料做速度分析求取最佳速度，即速度分析方法。在速度分析方法中，最常用的是做速度谱，速度谱的概念是由频谱的概念衍生出的。速度谱的计算结果无法完全自动化实现，需要人工分析才能得到准确的速度，分析的结果供动校正和解释工作使用。根据动校正的原理对共反射点时距曲线进行动校正，当时距曲线拉平时，各道反射波最好，叠加后能量最强，这时的速度为最佳速度，也称为最佳叠加速度。对于水平介质，叠加速度接近均方根速度；对于倾斜介质，叠加速度是等效速度。图 5-4-6 为速度谱的三维透视示意图，横坐标为时间，纵坐标为速度，垂向为叠加能量的大小。该图中的峰值反映了一条较强的反射信息和相应的叠加速度。

（九）偏移归位和时深转换

当界面倾斜时，由于时间剖面的显示形式，把接收点接收到的叠加后的信号垂直置于接收点的正下方，使水平叠加时间剖面同相轴形态与真实界面的产状（空间位置）不一致，出现偏移。因此，此时水平叠加时间剖面上反射波同相轴的位置并不能真实反映地下地层的产状，必须将界面的位置恢复到它的真实位置，使剖面面貌变得清晰，有利于正确地进行解释，这就是偏移归位工作。叠加偏移后，叠加偏移剖面上反射层位置与真实（地质）界面空间位置基本一致。

偏移归位的方法很多，大致可分为几何地震学方法和物理地震学方法两大类。几何

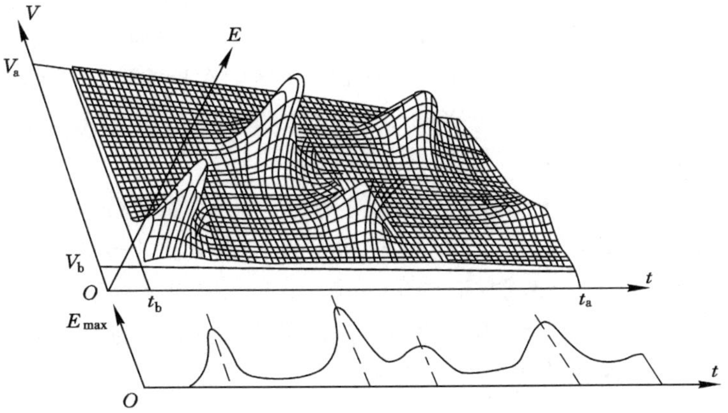

图 5-4-6　速度谱的三维透视示意图

地震学方法如绕射扫描叠加法，物理地震学方法如波动方程偏移法。偏移归位可以在水平叠加之前进行(称之为叠前偏移)，也可以放在水平叠加之后进行(称之为叠后偏移)。图 5-4-7 所示为一个理想化的偏移处理效果。通过偏移处理，不但使反射波归位，较好地反映了界面形态，而且使绕射波等干扰有所收敛，进一步提高了资料质量。

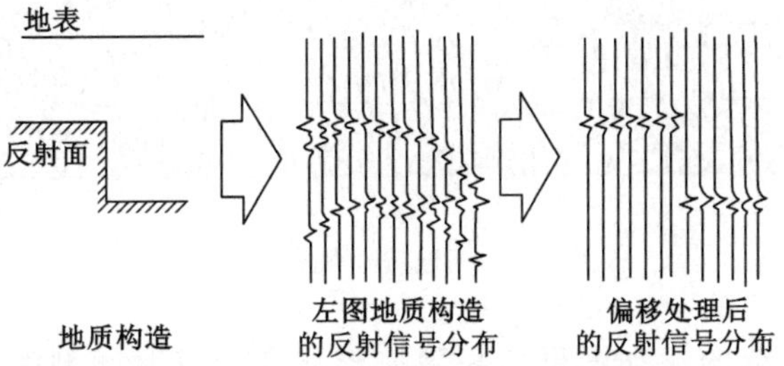

图 5-4-7　偏移处理效果示意图

在时间剖面中，纵坐标用时间表示，它可以定性地反映出反射界面的轮廓，界面的确切深度和产状、速度参数等密切相关。为此，建立准确的时间、深度对应关系，输入相应的速度参数，将时间剖面转换为深度剖面的过程，这就是时深转换。

浅层反射波资料处理已成为浅层反射波法不可缺少的重要部分，并且随着浅层反射法工作的深入和发展，一些新的处理方法不断地出现，正在逐步形成具有浅层特点的资料处理系列。

三、反射波法地震资料的解释

野外采集的地震资料，经过上述的数字处理之后，得到的主要成果资料是经过水平叠加(或偏移)的时间剖面。时间剖面的对比工作是地震解释中的首要工作，是反射波资料进行地质解释工作的基础。通过时间剖面上波的对比进行地质构造解释，弄清岩层之间的界面、界面的起伏变化、断层和褶皱的位置与产状等，这种地质解释的准确程度往往受到多种因素的影响。

首先，我们要进行地震资料的初步整理和评价，选择合适的方法和参数得到有高信噪比和高分辨率的高质量时间剖面，避免造成假象影响地震工作的准确性。其次，地震剖面的解释还受其分辨率的限制，如其波长较小的地质体或薄层，在地震时间剖面上是难以区分的。此外，选择合适且有较多工作经验的解释人员也会使解释工作质量得到提高。

（一）时间剖面的表示形式

时间剖面是多道地震记录的显示，尤指对地震反射记录进行动校正后所组成的剖面图。地震资料经过数字处理之后，得到的时间剖面实例如图 5-4-8 所示。该图中纵轴垂直向下，表示 t_0 时间，在剖面两侧标注的 0 ms、10 ms、20 ms 等坐标值为相应的 t_0 时间，并每隔 10 ms 有一条水平线(为计时线)。横坐标的值表示各 CDP 点在地面的位置排列，两个 CDP 点之间的距离为道间距的二分之一。

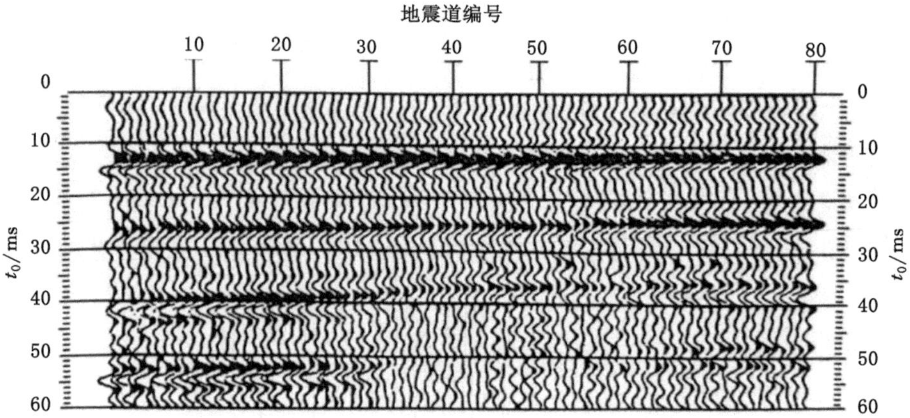

图 5-4-8　地震时间剖面实例

每个 CDP 点记录道的振动图形均采用波形加变面积时间剖面的显示法来表示(使波形正半周部分呈黑色)，这样既能显示波形特征，又能清楚地表示出不同强弱的波动，便于波形对比和同相轴追踪。经过动校正和静校正后，记录上的同相轴都可直观地反映界面产状，与剖面图相似，但其同相轴代表的界面深度是用时间作单位，时间越大，界面埋藏越深。因此，可以研究时间剖面上的反射波同向轴的特征，定性地了解岩层起伏及地质构造等概况。要注意时间剖面要经过时间深度转换处理之后，才能进行定量的地质解释。

（二）反射波的对比

在地震记录上波动的相同相位的连线叫同相轴。在时间剖面上反射层位表现为同相轴的形式。因此，在时间剖面上反射波的追踪实际上就变为同相轴的对比。来自同一反射界面的反射波，直接受该界面的埋藏深度、岩性、产状以及覆盖层等因素的影响。如果上述这些因素在一定范围内变化不大，具有相对的稳定性，这就会使得同一反射波在相邻接收点上反映出相似的特点，这点正是我们对比同一反射界面的依据。我们可以根据反射波的动力学和运动学的特点来识别和追踪同一界面的反射波。属于同一界面的反射波其同相轴往往有如下特征：一是波振幅增强，经过一系列提高信噪比的措施后，地震剖面上的各反射波振幅都显著增强；二是波形相似性和同向性，由于同一界面的反射波在相邻地震道间的激发和接收条件相近，所以在相邻接收点上的记录时间相近、相位相同且波形也非常相似，同一反射波不同相位的同相轴也彼此平行。同一反射波的特征并不是彼此孤立、一成不变的。反射波的波形、振幅、相位与接收条件、地质因素、数据处理等许多因素有关。一般来说，激发、接收等地表条件的变化，会使同相轴从浅到深都发生相似的畸变，而深部地震地质变化一般只使一个或几个同相轴发生变化。所以在进行波的对比时要谨慎分析，弄清同相轴变化的原因，严格区分是地质因素还是地表等其他因素。

（三）时间剖面的地质解释

（1）地层标准层的确定和追踪

层位的确定主要依靠钻井资料或其他地质资料，选择波组特征明显、标志突出、易于识别和对比、波形稳定、在大部分测线上能连续追踪的反射波作为全区解释中进行对比的标准层，以便于对全区地震资料的对比、追踪和解释。在没有标准层的地段，则可用相邻有关地段的构造特征作为参考来控制解释，最好通过有钻孔控制的地段来连接。

（2）断层的识别

断层解释是地震资料解释的基础与关键，准确合理的断层识别关系到构造图的精度，所以在地震解释中识别断层尤为重要，可根据一些表现来识别断层，以下是断层的特征。

小断层的反映一般包括反射波同相轴发生分叉、合并、扭曲、强相位转换等现象，但这些现象也有可能是由地表条件交化或地层岩性变化及波的干涉等引起的，因此实际工作中要综合考虑上下波组的关系，做具体分析。中、小型断层的反映一般是反射波同相轴错位，根据不同断层规模可表现为反射层的错断和波组波系的错位。基底大断层的反映往往是反射波同相轴突然增减或消失，波组间隔突然变化，在时间剖面上表现为反射波同相轴明显增多，标准层齐全。边界同生大断层的反映一般是反射波同相轴产状突变，反射波零乱或出现空白带。需要注意的是，绕射波、断面波、回转波等出现是识别断层的重要标志。在断层特征明显和绕射波、断面波清晰时，还可以从时间剖面上确定出断层的产状要素。图 5-4-9 和图 5-4-10 分别表示时间剖面上不同断层的实例，前者有明显的同相轴错位，后者则伴随有同相轴的分叉现象。

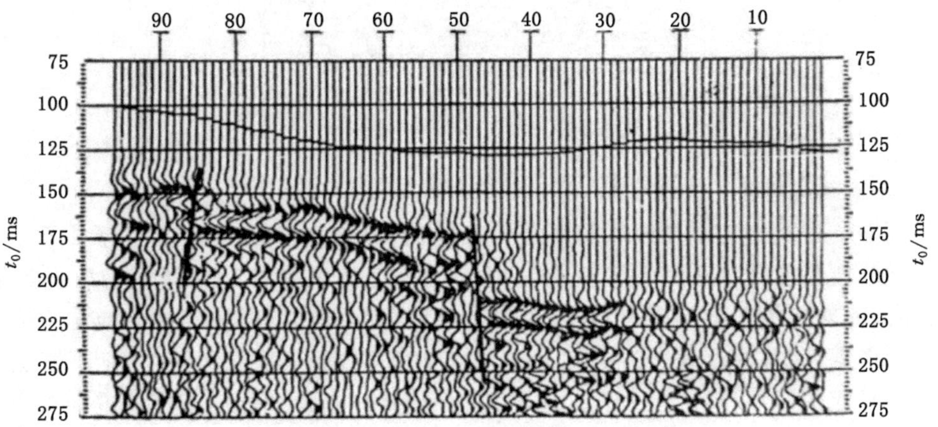

图 5-4-9　时间剖面上断层特征实例（一）

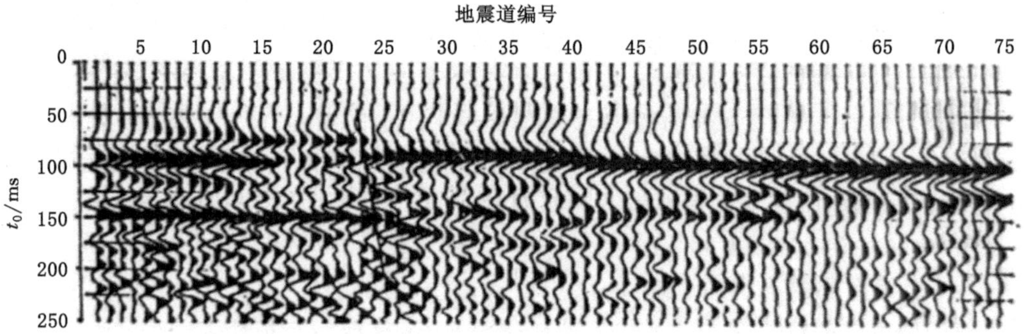

图 5-4-10　时间剖面上断层特征实例(二)

(3) 不整合面的识别

不整合面指由于地壳的抬升运动,发生沉积间断-剥蚀,后又经历地壳的下降运动接受上覆地层的沉积所呈现的不整合接触面。不整合又分为平行不整合和角度不整合。平行不整合面往往是侵蚀面,其波阻抗差异明显、变化较大,故反射波的振幅较强且有较大的变化。角度不整合往往出现在构造布局突变时期,时间剖面上常出现两组及以上的视速度有明显差异的反射波组,并且沿水平方向有逐渐合并和尖灭的趋势。角度不整合一般来说比平行不整合容易识别。图 5-4-11 所示为不整合面在时间剖面上的显示实例。当地震地质条件比较复杂,或处理方法、参数选择不当时,时间剖面上的同相轴会发生变化,甚至造成假象,出现假构造。在资料解释工作中必须注意规避这种情况。

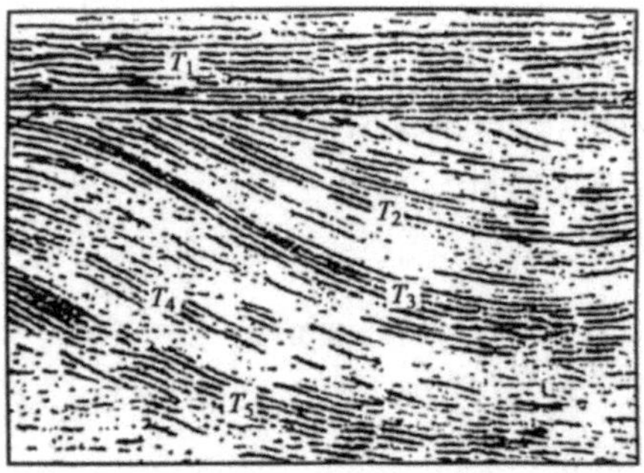

图 5-4-11　不整合面在时间剖面上的显示实例

(四) 解释成果图件

时间剖面经过对比识别和地质解释之后,可绘制深度剖面图和地震构造图等图件作为地震波解释的成果图件。深度剖面图指把时间剖面中的纵坐标时间转换为反射界面的深度,将时间剖面转化为深度剖面,也就是资料处理系统中提到的时深转换。地震构造图是以地震资料为依据,用等深度线(或等时间线)及地质符号(断层、尖灭等)表示地下某层面起伏变化的一种平面图,可以反映出一定地层的构造形态特征,是进行面积性地震勘探的最终成果图件。地震构造图按作图等值线性质可分为等 t_0 构造图和等深度构造图。等 t_0 构造图可由时间剖面数据直接绘制而成,在构造简单时可以反映构造的根本形态。等深度构造图可由深度剖面数据直接绘制而成，也可以由等 t_0 构造图经空间校正得到，表示的构造形态更直观准确。

练习与思考题

1. 什么是地震勘探方法？

2. 地震勘探方法的分类及主要应用领域是什么？

3. 解释下列名词：① 体波与面波；② 纵波与横波；③ 观测系统；④ 同相轴；⑤ 动校正；⑥ 静校正；⑦ 多次覆盖系统。

4. 什么是地震波的反射与透射？

5. 简述斯涅尔定律。

6. 简述折射波形成的过程。

7. 地震波发生反射、折射和透射的条件分别是什么？

8. 什么是有效波与干扰波？

9. 地震波在岩石中的传播速度有何特征？影响地震波速的因素是什么？

10. 分析直达波的时距方程并画出它的时距曲线。

11. 分析反射波的时距方程并画出它的时距曲线。

12. 分析折射波的时距方程并画出它的时距曲线。

13. 倾斜界面与水平界面反射波、折射波时距曲线有何不同？

14. 简述常规水平叠加资料处理流程。

参考文献

[1] 陈宏林,丰继林.工程地震勘察方法[M].北京:地震出版社,1998.

[2] 陈善.重力勘探[M].北京:地质出版社,1986.

[3] 陈仲候,王兴泰.工程与环境物探教程[M].北京:地质出版社,1993.

[4] 储绍良.矿井物探应用[M].北京:煤炭工业出版社,1995.

[5] 邓聚龙.灰色系统基本方法[M].武汉:华中工学院出版社,1987.

[6] 董浩斌,王传雷.高密度电法的发展与应用[J].地学前缘,2003,10(1):171-176.

[7] 冯德益.模糊数学方法与应用[M].北京:地震出版社,1983.

[8] 傅良魁.应用地球物理教程:电法 放射性 地热[M].北京:地质出版社,1991.

[9] 高德章,侯遵泽,唐建.东海及邻区重力异常多尺度分解[J].地球物理学报,2000,43(6):842-849.

[10] 管志宁,安玉林.区域磁异常定量解释[M].北京:地质出版社,1991.

[11] 管志宁.地磁场与磁力勘探[M].北京:地质出版社,2005.

[12] 郭建强.地质灾害勘查地球物理技术手册[M].北京:地质出版社,2003.

[13] 何宝侃.地球物理反问题中的最优化方法[M].北京:地质出版社,1980.

[14] 侯遵泽,杨文采.中国重力异常的小波变换与多尺度分析[J].地球物理学报,1997,40(1):85-95.

[15] 霍明远.地下水资源系统勘查技术与综合评价方法[M].北京:科学出版社,1993.

[16] 李大心.地球物理方法综合应用与解释[M].武汉:中国地质大学出版社,2003.

[17] 李金铭.地电场与电法勘探[M].北京:地质出版社,2005.

[18] 李世雄,刘家琦.小波变换和反演数学基础[M].北京:地质出版社,1994.

[19] 李世峰,金瞰昆,周俊杰.资源与工程地球物理勘探[M].北京:化学工业出版社,2008.

[20] 刘天佑.重磁异常反演理论与方法[M].武汉:中国地质大学出版社,1992.

[21] 刘天佑.地球物理勘探概论[M].北京:地质出版社,2007.

[22] 刘天佑.位场勘探数据处理新方法[M].北京:科学出版社,2007.

[23] 陆基孟,王永刚.地震勘探原理[M].3 版.东营:中国石油大学出版社,2014.

[24] 罗孝宽,郭绍雍.应用地球物理教程:重力 磁法[M].北京:地质出版社,1991.

[25] 潘玉玲,张昌达.地面核磁共振找水理论和方法[M].武汉:中国地质大学出版社,2000.

[26] 朴化荣.电磁测深法原理[M].北京:地质出版社,1990.

[27] 申宁华,管志宁.磁法勘探问题[M].北京:地质出版社,1985.

[28] 孙家振,李兰斌.地震地质综合解释教程[M].武汉:中国地质大学出版社,2002.

[29] 谭承泽,郭绍雍.磁法勘探教程[M].北京:地质出版社,1984.
[30] 王家林,王一新,万明浩.石油重磁解释[M].北京:石油工业出版社,1991.
[31] 王文龙,杨拴海,张慧玉,等.高密度电法在金矿找矿中的应用[J].黄金地质,2002,8(3):53-56.
[32] 魏伟,吴招才,刘天佑.基于 AutoCAD 平台三维可视化规则几何形体磁场反演[J].工程地球物理学报,2006,3(1):54-59.
[33] 杨宇山,刘天佑,李媛媛.任意形状地质体数值积分法重磁场三维可视化反演[J].地质与勘探,2006,42(5):79-83.
[34] 姚姚.地球物理反演基本理论与应用方法[M].武汉:中国地质大学出版社,2002.
[35] 于汇津,邓一谦.勘查地球物理概论[M].北京:地质出版社,1993.
[36] 袁学诚.中国地球物理图集[M].北京:地质出版社,1996.
[37] 曾华霖.重力场与重力勘探[M].北京:地质出版社,2005.
[38] 张爱敏.采区高分辨率三维地震勘探[M].徐州:中国矿业大学出版社,1997.
[39] 张胜业,潘玉玲.应用地球物理学原理[M].武汉:中国地质大学出版社,2004.
[40] 张守恩,葛宝堂.水文及工程地球物理勘探[M].徐州:中国矿业大学出版社,1997.
[41] 张玉芬.反射波地震勘探原理和资料解释[M].北京:地质出版社,2007.
[42] 周俊杰,王雨,张景森,等.太行山断裂带南端的地震纵波速度结构分析[J].地震地质,2011,33(1):107-113.
[43] ACKERMANN H D,PANKRATZ L W,DANSEREAU D.Resolution of ambiguities of seismic refraction traveltime curves[J].Geophysics,1986,51(2):223-235.
[44] BENSON A K,PAYNE K L,STUBBEN M A.Mapping groundwater contamination using DC resistivity and VLF geophysical methods - a case study[J].Geophysics,1997,62(1):80-86.
[45] BIRKELO B A,STEEPLES D W,MILLER R D,et al.Seismic reflection study of a shallow aquifer during a pumping test[J].Groundwater,1987,25(6):703-709.
[46] BROWN A R. Structural interpretation from horizontal seismic sections [J]. Geophysics,1983,48(9):1179-1194.
[47] BRYAN G M,MARKL R G,SHERIDAN R E.IPOD site surveys in the Blake:bahama basin[J].Marine geology,1980,35(1/2/3):43-63.
[48] DAHLIN T,LOKE M H.Resolution of 2D Wenner resistivity imaging as assessed by numerical modelling[J].Journal of applied geophysics,1998,38(4):237-249.
[49] DAHLIN T,ZHOU B.A numerical comparison of 2D resistivity imaging with 10 electrode arrays[J].Geophysical prospecting,2004,52(5):379-398.
[50] KEISWETTER D,STEEPLES D.Practical modifications to improve the sledgehammer seismic source[J].Geophysical Research Letters,1994,21(20):2203-2206.
[51] PARASNIS D S.Principles of applied geophysics[M].5th ed.London:Chapman and Hall,1997.

[52] PARK C B, MILLER R D, XIA J H. Multichannel analysis of surface waves[J]. Geophysics, 1999, 64(3): 800-808.
[53] PULLAN S E, MACAULAY H A. An in-hole shotgun source for engineering seismic surveys[J]. Geophysics, 1987, 52(7): 985-996.